Birgit Bergmann

Lösung zur Übung "Stochastik für Lehramtskandidaten"

GRIN Verlag

Bibliografische Information der Deutschen Nationalbibliothek:

Die Deutsche Bibliothek verzeichnet diese Publikation in der Deutschen National-
bibliografie; detaillierte bibliografische Daten sind im Internet über http://dnb.d-
nb.de/ abrufbar.

Impressum:

Copyright © 2013 GRIN Verlag, Open Publishing GmbH
Druck und Bindung: Books on Demand GmbH, Norderstedt Germany
ISBN: 978-3-668-00974-5

Dieses Buch bei GRIN:

http://www.grin.com/de/e-book/302080/loesung-zur-uebung-stochastik-fuer-lehr-
amtskandidaten

GRIN - Your knowledge has value

Der GRIN Verlag publiziert seit 1998 wissenschaftliche Arbeiten von Studenten, Hochschullehrern und anderen Akademikern als eBook und gedrucktes Buch. Die Verlagswebsite www.grin.com ist die ideale Plattform zur Veröffentlichung von Hausarbeiten, Abschlussarbeiten, wissenschaftlichen Aufsätzen, Dissertationen und Fachbüchern.

Besuchen Sie uns im Internet:

http://www.grin.com/

http://www.facebook.com/grincom

http://www.twitter.com/grin_com

Universität Wien

Fakultät für Mathematik

Lösungen zu den Beispielen aus Stochastik für LAK

---

abgetippt von:

Birgit Bergmann

Sommersemester 2013

Erstellt mit LaTeX

Die Angaben der Beispiele sind unter http://www.mat.univie.ac.at/~peter/psstl13.pdf zu finden.

1. Lösung:

   mögliche: 37 Felder (18 schwarz, 18 rot, 1 grün)

   günstige: 18 Felder

2. Lösung:

   6 Kugeln ($ANANAS \rightarrow 3 \times A, 2 \times N, 1 \times S$)
   $$P(ANNA) = \frac{3}{6} \cdot \frac{2}{5} \cdot \frac{1}{4} \cdot \frac{2}{3} = \frac{1}{30}$$

3. a) Lösung:
   $$P(5er) = \frac{\binom{6}{5}\binom{39}{1}}{\binom{45}{6}} = \frac{6 \cdot 39}{8145060} \approx 2.873 \cdot 10^{-5}$$

   b) Lösung:
   $$P(3er) = \frac{\binom{6}{3}\binom{39}{3}}{\binom{45}{6}} = \frac{20 \cdot 9139}{8145060} = \frac{1}{50} \approx 0.0244$$

4. Lösung:

   P(C gewinnt gegen ABA) $= P(g,g,g) + P(g,g,v) + P(v,g,g) = \frac{1}{3} \cdot \frac{2}{3} \cdot \frac{1}{3} + \frac{1}{3} \cdot \frac{2}{3} \cdot \frac{2}{3} + \frac{2}{3} \cdot \frac{2}{3} \cdot \frac{1}{3} =$
   $\frac{2}{27} + \frac{4}{27} + \frac{4}{27} = \frac{10}{27}$ oder $P(A) = \frac{2}{3}\left(1 - \left(\frac{2}{3}\right)^2\right) = \frac{10}{27}$

   $$P(B) = \frac{1}{3}\left(1 - \left(\frac{1}{3}\right)^2\right) = \frac{8}{27}$$

   d.h. die Wahrscheinlichkeit, dass das Kind gewinnt ist größer, wenn es zuerst gegen A spielt

5. Lösung:

   Augensumme 9:

1,2,6:	6 Möglichkeiten
1,3,5:	6 Möglichkeiten
2,2,5:	3 Möglichkeiten
1,4,4:	3 Möglichkeiten
2,3,4:	6 Möglichkeiten
3,3,3:	1 Möglichkeit

   $\Rightarrow \sum = 25$ günstige und $6^3 = 216$ mögliche
   $$P(Augensumme\ 9) = \frac{25}{216} \approx 0.01157$$

   Augensumme 10:

1,3,6:   6 Möglichkeiten

1,4,5:   6 Möglichkeiten

2,2,6:   3 Möglichkeiten

2,3,5:   6 Möglichkeiten

2,4,4:   3 Möglichkeiten

3,3,4:   3 Möglichkeiten

$$\Rightarrow \sum = 27 \text{ günstige}$$
$$P(Augensumme\ 10) = \frac{27}{216} = 0.125$$

6. Lösung:

   klar, weil es für 10er mehr Möglichkeiten gibt ($(3,3,3)$ sieht gleich aus)

   Mittelwert 10.5

   näher beim Erwartungswert

7. Lösung:
$$P(mind.\ 1) = 1 - \left(\frac{2}{100} \cdot \frac{5}{100} \right) = 0.999$$

8.   a) Lösung:

   Mögliche: 37 (18 r, 18 s, 1g)
$$P(6 \times 23) = \left(\frac{1}{37} \right)^6 \approx 3.8975 \cdot 10^{-10}$$

   b) Lösung:
$$P(23|5 \times 23) = \frac{\left(\frac{1}{37} \right)^6}{\left(\frac{1}{37} \right)^5} = \frac{1}{37}$$

   c) Lösung:
$$P(16|5 \times 23) = \frac{\left(\frac{1}{37} \right)^6}{\left(\frac{1}{37} \right)^5} = \frac{1}{37}$$

9. Lösung:

   P(stammt aus Italien | isst Spaghetti) =
$$= \frac{0.7 \cdot 0.18}{0.7 \cdot 0.18 + 0.1 \cdot 0.22 + 0.2 \cdot 0.06 + 0.3 \cdot 0.08 + 0.1 \cdot 0.15 + 0.2 \cdot 0.14 + 0.1 \cdot 0.06 + 0.1 \cdot 0.03 + 0.1 \cdot 0.04 + 0.3 \cdot 0.04} = \frac{0.126}{0.252} = \frac{1}{2}$$

10. Lösung:
$$P(Einbruch|Alarm) = \frac{0.01 \cdot 0.97}{0.01 \cdot 0.97 + 0.99 \cdot 0.04} \approx 0.1968$$

11.   a) Lösung:
$$P(bestehen) = P(X \geq 3) = P(X = 3) + P(X = 4) + P(X = 5)$$
$$P(X = 3) = \binom{5}{3} \cdot \left(\frac{1}{3} \right)^3 \cdot \left(\frac{2}{3} \right)^2 = 0.1646$$

$$P(X = 4) = \binom{5}{4} \cdot \left(\frac{1}{3}\right)^4 \cdot \left(\frac{2}{3}\right)^1 = 0.0412$$

$$P(X = 4) = \binom{5}{5} \cdot \left(\frac{1}{3}\right)^4 \cdot \left(\frac{2}{3}\right)^0 = 0.0041$$

$$\Rightarrow P(X \geq 3) = 0.1646 + 0.0412 + 0.0041 = 0.2099$$

b) Lösung:

$$p = 0.2099 \Rightarrow q = 1 - p = 0.7901$$

$$P(X \geq 1) = 1 - P(X = 0)^3 = 1 - \left(\binom{3}{0} \cdot 0.2099^0 \cdot 0.7901^3\right) = 1 - 0.4932 = 0.5068$$

c) Lösung:

mindestens 3 Punkte: 4 richtig + 1 falsch $\Rightarrow$ 3 Punkte bzw. 5 richtig + 0 falsch $\Rightarrow$ 5 Punkte

$$p(richtige\ Antwort) = \frac{1}{3}$$

$$p(falsche\ Antwort) = \frac{2}{3}$$

$$P(X \geq 3) = P(X = 4) + P(X = 5) = 0.0412 + 0.0041 = 0.0453$$

d) Lösung:

$$p(besteht) = 0.0453 \Rightarrow q = 1 - p = 0.9547$$

$$P(X \geq 1) = 1 - P(X = 0) = 1 - \left(\binom{3}{0} \cdot 0.0453^0 \cdot 0.9547^3\right) = 1 - 0.8702 = 0.1298$$

12. Lösung:

1. Runde: A gewinnt: $\qquad P = \frac{2}{6} = 13$

3. Runde: $\neg A, \neg B, A$: $\qquad P = \frac{4}{6} \cdot \frac{3}{6} \cdot \frac{2}{6} = \frac{2}{18} = \frac{1}{9}$

5. Runde: $\neg A, \neg B, \neg A, \neg B, A$: $\quad P = \frac{4}{6} \cdot \frac{3}{6} \cdot \frac{4}{6} \cdot \frac{3}{6} \cdot \frac{2}{6} = \frac{2}{54} = \frac{1}{27}$

$$P(A\ gewinnt) = \frac{1}{3} + \frac{2}{3} \cdot \frac{1}{2} \cdot \frac{1}{3} + \frac{2}{3} \cdot \frac{1}{2} \cdot \frac{2}{3} \cdot \frac{1}{2} \cdot \frac{1}{3} + ... = \frac{1}{3}\left[1 + \frac{1}{3} + \left(\frac{1}{3}\right)^2 + ...\right] = \frac{1}{3} \cdot \frac{1}{1 - \frac{1}{3}} = \frac{1}{2}$$

13. a) Lösung:

$$\Omega = \{KK, KZ, ZK, ZZ\}$$

b) Lösung:

$$\Omega = \{(1,1), (1,2), (1,3), (1,4), (1,5), (1,6),$$
$$(2,1), (2,2), (2,3), (2,4), (2,5), (2,6),$$
$$(3,1), (3,2), (3,3), (3,4), (3,5), (3,6),$$
$$(4,1), (4,2), (4,3), (4,4), (4,5), (4,6),$$
$$(5,1), (5,2), (5,3), (5,4), (5,5), (5,6),$$
$$(6,1), (6,2), (6,3), (6,4), (6,5), (6,6)\}$$

c) Lösung:

$$\omega = \{ZZZ, ZZK, ZKZ, ZKK, KZZ, KZK, KKZ, KKK\}$$

d) Lösung:

diskret: abhängig von Anzahl der Felder, z.B.: 8 Felder $\Omega = \{1, 2, 3, 4, 5, 6, 7, 8\}$

stetig: $\Omega = [0, 2\pi)$

e) Lösung:

$\Omega = \{1, 2, x\}$ oder $\Omega = \{(0,0), (0,1), ...\}$ endlich

f) Lösung:

$$\Omega = \left\{ \begin{array}{|c|c|c|c|c|} \hline A & K & D & B & 10 \\ \hline \heartsuit & & & & \\ \hline \diamondsuit & & & & \\ \hline \spadesuit & & & & \\ \hline \clubsuit & & & & \\ \hline \end{array} \right\}$$

g) Lösung:

$$\Omega = \left\{ \begin{array}{|c|c|c|c|c|c|c|c|c|c|c|c|} \hline A & K & D & B & 10 & 9 & 8 & 7 & 6 & 5 & 4 & 3 & 2 \\ \hline \heartsuit & & & & & & & & & & & & \\ \hline \diamondsuit & & & & & & & & & & & & \\ \hline \spadesuit & & & & & & & & & & & & \\ \hline \clubsuit & & & & & & & & & & & & \\ \hline \end{array} \right\}$$

h) Lösung:

$\Omega = \{\text{positiv, negativ}\}$

14. (a) Lösung:

$$A_1 = \{\heartsuit 10, \heartsuit B, \heartsuit D, \heartsuit K, \heartsuit A\}$$
$$A_2 = \{\diamondsuit 10, \diamondsuit B, \diamondsuit D, \diamondsuit K, \diamondsuit A\}$$
$$A_3 = \{\spadesuit 10, \spadesuit B, \spadesuit D, \spadesuit K, \spadesuit A\}$$
$$A_4 = \{\clubsuit 10, \clubsuit B, \clubsuit D, \clubsuit K, \clubsuit A\}$$

b) Lösung:

$A = \{Ass, Ass, Ass, Ass, \neg Ass\}$ und $|A| = 16$ Möglichkeiten

c) Lösung:

z.B.: $A = \{\heartsuit A, \diamondsuit A, \spadesuit A, \heartsuit B, \diamondsuit B\}$

$$|A| = \underbrace{\binom{4}{3}}_{\text{Asse}} \cdot \underbrace{\binom{4}{2}}_{\text{Farben}} \cdot \underbrace{4}_{\text{Restliche}} = 4 \cdot 6 \cdot 4 = 96 \text{ Möglichkeiten}$$

d) Lösung:

$A = \{A, K, D, B, 10\}$

$|A| = 4^5 \cdot 4 = 1020$ Möglichkeiten

e) Lösung:

    3 Könige (alle Farben) und 2 Damen (Herz, Karo)

f) Lösung:

    4 Karten (A,K,D,B) haben diesselbe Farbe (Pik), 1 hat andere Farbe ($\neg$ Pik)

15. Lösung:

z.z. $P(A \cup B) + P(A \cap B) = P(A) + P(B)$

$N_n(A \cup B) + N_n(A \cap B) = N_n(A) + N_n(B)$, wobei $N_n(A) = \sum\limits_{k=1}^{n} X_k(A)$

1. Fall: $A \cap B$ tritt ein

$X(A) = 1, X(B) = 1, X(A \cup b) = 1, X(A \cap B) = 1 \Rightarrow X(A \cup B) + X(A \cap B) = X(A) = X(B)$

2. Fall: A tritt ein, B nicht

$X(A) = 1, X(B) = 0, X(A \cup B) = 1, X(A \cap B) = 0$

3. Fall: A tritt nicht ein, B schon

$X(A) = 0, X(B) = 1, X(A \cup B) = 1, X(A \cap B) = 0$

4. Fall: $A \cup B$ tritt nicht ein

$X(A) = 0, X(B) = 0, X(A \cup B) = 0, X(A \cap B) = 0$

$$N_n(A \cup B) + N_n(A \cap B) = \sum_{k=1}^{n} X_k(A \cup B) + \sum_{k=1}^{n} X_k(A \cap B) = \sum_{k=1}^{n}(X_k(A \cup B) + X_k(A \cap B)) =$$

$$\sum_{k=1}^{n}(X_k(A) + X_k(B)) = \sum_{k=1}^{n} X_k(A) + \sum_{k=1}^{n} X_k(B) = N_n(A) + N_n(B) \mid : n, \lim_{n \to \infty}$$

16. Lösung:

$P(A \cup B) = P(A) + P(B) - P(A \cap B)$

$A \backslash B, B \backslash A, A \cap B$... paarweise disjunkt

$A \cup B = (A \backslash B) \cup (B \backslash A) \cup (A \cap B)$

$P(A \cup B) - P(A \cap B) = \underbrace{P(A \backslash B) + P(A \cap B)}_{P(A)} + \underbrace{P(B \backslash A) + P(A \cap B)}_{P(B)}$

17.   a) Lösung:

    $\widetilde{\Omega} = \{(\omega_1, \omega_2) | \omega_j \in (E, Z)\}$

  b) Lösung:

    $\widetilde{A} = \{(\omega_1, \omega_2, ...) : \forall j \in \mathbb{N} : (\omega_j, \omega_{j+1}) \neq (Z, Z)\}$

  c) Lösung:

    3 mal hintereinander kommt nicht (Z,Z,Z) und wenn nach Zahl Edelweiß kommt, darf nicht wieder Zahl

    kommen (Z,Z,Z), (Z,E,Z)

  d) Lösung:

    3 mal hintereinander kommt nicht Zahl oder: Zahl kann höchstens 2 mal hintereinander kommen

e) Lösung:

überabzählbar viele Elemente

f) Lösung:

Wahrscheinlichkeit für beschriebenes Ereignis ist 0

18.   a) Lösung:

$$P(ABC\ funktionieren) = 0.98 \cdot 0.99 \cdot 0.92 = 0.8926$$

b) Lösung:

$$P(mind.\ 1\ funktioniert) = 1 - P(alle\ fallen\ aus) = 1 - (0.02 \cdot 0.01 \cdot 0.08) = 1 - 1.6 \cdot 10^{-5} = 0.999984$$

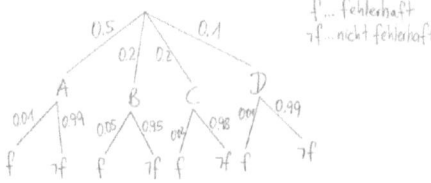

Abbildung 1: Veranschaulichung

19.

a) Lösung:

$$P(\text{fehlerhaft}) = 0.5 \cdot 0.01 + 0.2 \cdot 0.05 + 0.2 \cdot 0.02 + 0.1 \cdot 0.01 = 0.02$$

(Satz von der totalen Wahrscheinlichkeit)

b) Lösung:

$P(\text{stammt aus } B | \text{ist fehlerhaft}) =?$

$$P(A|B) = \frac{P(A \cap B)}{P(B)} = \frac{0.2 \cdot 0.05}{0.5 \cdot 0.01 + 0.2 \cdot 0.05 + 0.2 \cdot 0.02 + 0.1 \cdot 0.01} = \frac{0.01}{0.02} = 0.5$$

20. Lösung:

$$P(landet \ in \ B | startet \ in \ A) = \frac{P(startet \ in \ A \ und \ landet \ in \ B)}{P(startet \ in \ A)} = \frac{0.94}{0.96} = 0.979166$$

21. Lösung:

$$P(M\ddot{u}nze \ ist \ normal \ | \ 20 \times E) = \frac{\frac{999999}{10^6} \cdot \left(\frac{1}{2}\right)^{20}}{\frac{999999}{10^6} \cdot \left(\frac{1}{2}\right)^{20} + \frac{1}{10^6} \cdot 1^{20}} = 0.4881$$

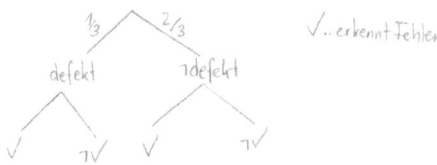

Abbildung 2: Veranschaulichung

22. Lösung:

$$P(\text{defekt}|\text{Prüfverfahren zeigt Fehler}) = \frac{\frac{1}{3} \cdot 0.99}{\frac{1}{3} \cdot 0.99 + \frac{2}{3} \cdot 0.03} = \frac{0.33}{0.35} = 0.942857$$

23. Lösung:

$$P\left(\text{Summe der 2 Zahlen} \leq \frac{1}{2}\right) =?$$

$$x + y \leq \frac{1}{2} \Rightarrow y \leq -x + \frac{1}{2}$$

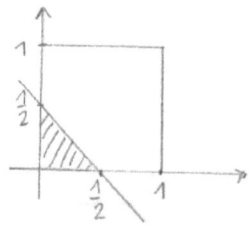

Abbildung 3: Veranschaulichung

$$P = \frac{|A|}{|\Omega|} = \frac{A_\triangle}{A_\square} = \frac{\left(\frac{1}{2}\right)^2 \cdot \frac{1}{2}}{1} = \frac{1}{8}$$

24. Lösung:

Abbildung 4: Veranschaulichung

$x + y \leq t \quad t \in [0, 2]$

$x + y \leq 0 \Rightarrow y \leq -x$

$x + y \leq 2 \Rightarrow y \leq -x + 2$

Fall 1: $t \leq 1 \Rightarrow P = \dfrac{t^2}{2}$

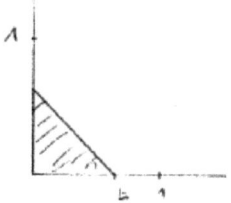

Abbildung 5: Veranschaulichung

Fall 2: $1 < t < 2, \; t > 1 \Rightarrow |\Omega| = 1$ und $|A| = t$

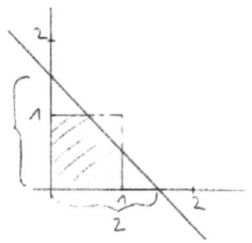

Abbildung 6: Veranschaulichung

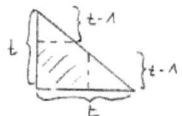

Abbildung 7: Veranschaulichung

$$|A| = \frac{t^2}{2} - 2\frac{(t-1)^2}{2} = \frac{t^2}{2} - (t-1)^2 = \frac{t^2}{2} - (t^2 - 2t + 1) = \frac{t^2}{2} - t^2 + 2t - 1 = \frac{t^2}{2} - \frac{2t^2}{2} + 2t - 1 = -\frac{t^2}{2} + 2t - 1$$

$$P = \frac{|A|}{|\Omega|} = -\frac{t^2}{2} + 2t - 1$$

25. Lösung:

$$P(Angeklagter \mid gefundene\ Lackspuren) = \frac{\frac{1}{10^6} \cdot 0.999}{\frac{1}{10^6} + \frac{999999}{10^6} \cdot 0.005} = 0.00019976$$

26. Lösung:

$$P(es\ ist\ dieser\ Würfel \mid 5555) = \frac{0.002 \cdot \left(\frac{5}{6}\right)^4}{\frac{1}{500} \cdot \left(\frac{5}{6}\right)^4 + \frac{9}{500} \cdot \left(\frac{2}{6}\right)^4 + \frac{9}{500} \cdot 0^4 + \frac{48}{500} \cdot \left(\frac{1}{6}\right)^4} = \frac{625}{1250} = \frac{1}{2}$$

27. Lösung:

$$P(Rückseite\ rot \mid Vorderseite\ rot) = \frac{\frac{1}{3} \cdot 1}{\frac{1}{3} \cdot 1 + \frac{1}{3} \cdot 0 + \frac{1}{3} \cdot \frac{1}{2}} = \frac{2}{3}$$

28. a) Lösung:

$$P(1.Antwort\ falsch \mid AssistentIn\ sagt\ 3.\ falsch) = \frac{\frac{11}{30} \cdot \frac{1}{2}}{\frac{11}{30} \cdot \frac{1}{2} + \frac{3}{10} \cdot 1 + \frac{1}{3} \cdot 0} = \frac{11}{29} \approx 0.3793$$

b) Lösung:

$$P(2.Antwort\ richtig \mid AssistentIn\ sagt\ 3,\ falsch) = 1 - P(a) = 1 - 0.3793 = 0.6107$$

29. a) Lösung:

$5 \cdot 3 \cdot 6 = 90$ verscheidene Typen

b) Lösung:

Basic: 4 Möglichkeiten

Comfort: $3 \cdot 6 + 2 \cdot 4 = 26$ Möglichkeiten

Luxus: $3 \cdot 4 + 2 \cdot 2 = 16$ Möglichkeiten

$\Rightarrow \sum = 46$ Möglichkeiten

c) Lösung:

1.5 I B	B(w,r,grün)	C(6)	I(6)	
1.8 I B		C(6)	L(6)	
2.2 I B				S(r,s)
2.0 I D	B(w,r,grün)	C(6)	I(6)	
2.2 I D		C(b, grün, grau)		S(r,s)

$\Rightarrow \sum = 49$ Möglichkeiten

30. a) Lösung:

$4 \cdot 3 \cdot 2 \cdot 1 = 4! = 24$ Möglichkeiten

b) Lösung:

$2 \cdot 3 \cdot 2 \cdot 1 = 3! + 3! = 12$ Möglichkeiten

31. Lösung:

8 Spiele pro Runde und 2×15 Runden

$\Rightarrow 2 \cdot 15 \cdot 8 = 240$ Spiele (120 Spiele pro Runde)

32. a) Lösung:

$5 \cdot 4 \cdot 3 \cdot 2 \cdot 1 = 5! = 120$ Möglichkeiten

b) Lösung:

A beginnt   24 Möglichkeiten

C beginnt   A 2.ter   6 Möglichkeiten

            A 3.ter   4 Möglichkeiten

            A 4. ter   2 Möglichkeiten

D beginnt   analog   12 Möglichkeiten

E beginnt   analog   12 Möglichkeiten

$\Rightarrow 24 + 3 \cdot 12 = 60$ Möglichkeiten

c) Lösung:

A 1.ter   6 Möglichkeiten

A 2.ter   6 Möglichkeiten

A 3.ter   6 Möglichkeiten

A 4. ter   6 Möglichkeiten

$\Rightarrow 4 \cdot 6 = 24$ Möglichkeiten

d) Lösung:

$A_1 B_2$ $3! = 6$ Möglichkeiten

$A_2 B_3$ $2 \cdot 2! = 4$ Möglichkeiten

$A_3 B_4$ $2! = 2$ Möglichkeiten

$\Rightarrow 12$ Möglichkeiten

e) Lösung:

$A_1 B_2$ ABDEC

        ABEDC

        ABECD

$A_2 B_3$ EABDC

        EABCD

$A_3 B_4$ ECABD

$\Rightarrow 6$ Möglichkeiten

33. a) Lösung:

ungeordnet, ohne Zurücklegen

$\binom{45}{6} = 8145060$ Möglichkeiten

b) Lösung:

ungeordnet, ohne Zurücklegen

$\binom{20}{5} = 15504$ Möglichkeiten

c) Lösung:

ungeordnet, ohne Zurücklegen

$$\binom{52}{5} = 2598960 \text{ Möglichkeiten}$$

d) Lösung:

geordnet, mit Zurücklegen

$$4^{10} = 1048576 \text{ Möglichkeiten}$$

e) Lösung:

$$(4+1)^{10} = 5^{10} = 9765625 \text{ Möglichkeiten}$$

f) Lösung:

$$\binom{20}{5} \cdot \binom{15}{5} \cdot \binom{10}{5} \cdot 55 = 1.1733 \cdot 10^{10} \text{ Möglichkeiten oder}$$

$$\frac{20!}{5! \cdot 5! \cdot 5! \cdot 5! \cdot 5!} = 1.1733 \cdot 10^{10} \text{ Möglichkeiten}$$

g) Lösung:

ungeordnet, mit Zurücklegen

$$6^7 = 279936 \text{ Möglichkeiten}$$

34. Lösung:

Günstige: $\binom{12}{10} \cdot 2^2 = 246$ mögliche Tippkolonnen für 10er

Mögliche: $3^{12} = 531441$ Tippkolonnen

$$P(Zehner) = \frac{\text{günstige}}{\text{mögliche}} = \frac{264}{531441} = 0.0004968$$

35. a) Lösung:

$$P(4\,Asse) = \frac{\overbrace{\binom{4}{4}}^{4/4\,Assen} \overbrace{\binom{48}{1}}^{1/48 \neq Ass}}{\binom{52}{5}} = \frac{48}{2598960} = 0.000018469$$

b) Lösung:

$$A = \omega_1, \omega_1, \omega_1, \omega_2, \omega_2$$

ω_1... bestimmter Wert, ω_2... anderer Wert

$$P(Full\,House) = \frac{13 \cdot \binom{4}{3} \cdot 12 \cdot \binom{4}{2}}{\binom{52}{5}} = \frac{3744}{3598960} = 0.0014406$$

c) Lösung:

5 aufeinanderfolgende Karten: 9 mögliche Reihen (2-6, 3-7, 4-8, 5-9, 6-10, 7-B, 8-D, 9-K, 10-A)

$$P(Straße) = \frac{9 \cdot 4^5}{\binom{52}{5}} = 0.003546$$

d) Lösung:

8 mögliche Reihen, da 10-A wegfällt

$$P(Straight\ Flash) = \frac{8 \cdot 4}{\binom{52}{5}} \approx 1.23126 \cdot 10^{-5}$$

36. Lösung:

$$P(2 \times g, 3 \times b, 2 \times r) = \frac{\binom{5}{2} \cdot \binom{7}{3} \cdot \binom{4}{2}}{\binom{16}{7}} = 0.18357$$

37.   a) Lösung:

$$\binom{23}{5} \cdot \binom{18}{8} \cdot \binom{10}{6} \cdot \binom{4}{4} = 3.0921 \cdot 10^{11}\ \text{Möglichkeiten}$$

oder: $\dfrac{23!}{5! \cdot 8! \cdot 6! \cdot 4!}$

   b) Lösung:

$$P = \frac{\dfrac{22!}{5! \cdot 8! \cdot 5! \cdot 4!}}{\dfrac{23!}{5! \cdot 8! \cdot 6! \cdot 4!}} = \frac{22!}{5! \cdot 8! \cdot 5! \cdot 4!} \cdot \frac{5! \cdot 8! \cdot 6! \cdot 4!}{23!} = \frac{22! \cdot 6!}{5! \cdot 23!} = \frac{6}{23} = 0.26087$$

38. Lösung:

$$P(A\ gewinnt) = 1 - \left(\frac{1}{2}\right)^3 = \frac{7}{8}$$

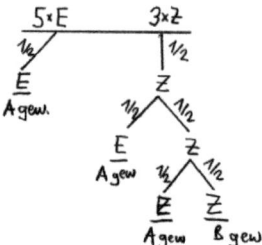

Abbildung 8: Veranschaulichung

39. Lösung:

$$P(A) = \frac{94}{246}$$

$$P(\neg A, \neg B, A) = \left(\frac{152}{246} \cdot \frac{94}{246}\right) \cdot \frac{94}{246}$$

$$P(\neg A, \neg B, \neg A, \neg B, A) = \left(\frac{152}{246} \cdot \frac{94}{246}\right)^2 \cdot \frac{94}{246}$$

$$\Rightarrow P(A\ gewinnt) = \frac{94}{246}\left(1 + \left(\frac{152}{246} \cdot \frac{94}{246}\right) + \left(\frac{152}{246} \cdot \frac{94}{246}\right)^2 + ...\right) = \frac{\frac{94}{246}}{1 - \left(\frac{152}{246} \cdot \frac{94}{246}\right)} = \frac{5781}{11557} = 0.5002$$

40.   a) Lösung:

mögliche: $6 \cdot 6 = 36$

günstige:

AZ 2:   1 Möglichkeit $\Rightarrow p_2 = \dfrac{1}{36}$

AZ 3:   2 Möglichkeiten $\Rightarrow p_3 = \dfrac{2}{36} = \dfrac{1}{18}$

AZ 4:   3 Möglichkeiten $\Rightarrow p_4 = \dfrac{3}{36} = \dfrac{1}{12}$

AZ 5:   4 Möglichkeiten $\Rightarrow p_5 = \dfrac{4}{36} = \dfrac{1}{9}$

AZ 6:   5 Möglichkeiten $\Rightarrow p_6 = \dfrac{5}{36}$

AZ 7:   6 Möglichkeiten $\Rightarrow p_7 = \dfrac{6}{36} = \dfrac{1}{6}$

AZ 8:   5 Möglichkeiten $\Rightarrow p_8 = \dfrac{5}{36}$

AZ 9:   4 Möglichkeiten $\Rightarrow p_9 = \dfrac{4}{36} = \dfrac{1}{9}$

AZ 10:   3 Möglichkeiten $\Rightarrow p_{10} = \dfrac{3}{36} = \dfrac{1}{12}$

AZ 11:   2 Möglichkeiten $\Rightarrow p_{11} = \dfrac{2}{36} = \dfrac{1}{18}$

AZ 12:   1 Möglichkeit $\Rightarrow p_{12} = \dfrac{1}{36}$

Vektor: $\left(\dfrac{1}{36}, \dfrac{1}{18}, \dfrac{1}{12}, \dfrac{1}{9}, \dfrac{5}{36}, \dfrac{1}{6}, \dfrac{5}{36}, \dfrac{1}{9}, \dfrac{1}{12}, \dfrac{1}{18}, \dfrac{1}{36} \right)$

b) Lösung:

max = 1:   1 Möglichkeit $\Rightarrow p_1 = \dfrac{1}{36}$

max = 2:   3 Möglichkeiten $\Rightarrow p_2 = \dfrac{3}{36} = \dfrac{1}{12}$

max = 3:   5 Möglichkeiten $\Rightarrow p_3 = \dfrac{5}{36}$

max = 4:   7 Möglichkeiten $\Rightarrow p_4 = \dfrac{7}{36}$

max = 5:   9 Möglichkeiten $\Rightarrow p_5 = \dfrac{9}{36} = \dfrac{1}{4}$

max = 6:   11 Möglichkeiten $\Rightarrow p_6 = \dfrac{11}{36}$

Vektor: $\left(\dfrac{1}{36}, \dfrac{1}{12}, \dfrac{5}{36}, \dfrac{7}{36}, \dfrac{1}{4}, \dfrac{11}{36} \right)$

c) Lösung:

$$|\triangle| = 0: \quad 6 \text{ Möglichkeit} \quad \Rightarrow p_0 = \frac{1}{6}$$

$$|\triangle| = 1: \quad 10 \text{ Möglichkeiten} \quad \Rightarrow p_1 = \frac{5}{18}$$

$$|\triangle| = 2: \quad 8 \text{ Möglichkeiten} \quad \Rightarrow p_2 = \frac{3}{9}$$

$$|\triangle| = 3: \quad 6 \text{ Möglichkeiten} \quad \Rightarrow p_3 = \frac{1}{6}$$

$$|\triangle| = 4: \quad 4 \text{ Möglichkeiten} \quad \Rightarrow p_4 = \frac{1}{9}$$

$$|\triangle| = 5: \quad 2 \text{ Möglichkeiten} \quad \Rightarrow p_5 = \frac{1}{18}$$

$$\text{Vektor:} \left(\frac{1}{6}, \frac{5}{18}, \frac{3}{9}, \frac{1}{6}, \frac{1}{9}, \frac{1}{18} \right)$$

d) Lösung:

α_j	0	1	2	3	4	5	6	8	10	12
$P(\alpha_j)$	$\frac{12}{36} = \frac{1}{3}$	$\frac{3}{36} = \frac{1}{12}$	$\frac{4}{36} = \frac{1}{9}$	$\frac{3}{36} = \frac{1}{12}$	$\frac{4}{36} = \frac{1}{9}$	$\frac{3}{36} = \frac{1}{12}$	$\frac{4}{36} = \frac{1}{9}$	$\frac{1}{36}$	$\frac{1}{36}$	$\frac{1}{36}$

41. a) Lösung:

$$P(X \le 8) = P(X = 2) + \dots + P(X = 8) = \frac{1}{36} + \frac{1}{18} + \frac{1}{12} + \frac{1}{9} + \frac{5}{36} + \frac{1}{6} + \frac{5}{36} = \frac{26}{36} = \frac{13}{18}$$

b) Lösung:

$$P(6 \le X < 11) = P(X = 6) + \dots + P(X = 10) = \frac{5}{36} + \frac{1}{6} + \frac{5}{36} + \frac{1}{9} + \frac{1}{12} = \frac{23}{36}$$

c) Lösung:

$$P(X \le 2) = P(X = 0) + P(X = 1) + P(X = 2) = \frac{1}{6} + \frac{5}{18} + \frac{2}{9} = \frac{2}{3}$$

a) Lösung:

$$P(X > 5) = P(X = 6) + \dots + P(X = 12) = \frac{1}{9} + \frac{1}{36} + \frac{1}{36} + \frac{1}{36} = \frac{7}{36}$$

e) Lösung:

$$E(X) = \sum_{j \in J} \alpha_j \cdot P(X = \alpha_j) \text{ und } E(X^2) = \sum_{j \in J} \alpha_j^2 \cdot P(X = \alpha_j)$$

$$V(X) = E(X^2) - E(X)^2 \text{ und } \sigma = \sqrt{V(X)}$$

a)

$$E(X) = \frac{252}{36} = 7$$

$$E(X^2) = \frac{329}{6}$$

$$V(X) = \frac{329}{6} - \left(\frac{252}{36} \right)^2 = \frac{35}{6}$$

$$\sigma(X) = \sqrt{\frac{35}{6}} = \approx 2.415229$$

b)

$$E(X) = \frac{161}{36}$$

$$E(X^2) = \frac{791}{36}$$

$$V(X) = \frac{791}{36} - \left(\frac{161}{36} \right)^2 = \frac{2555}{1296}$$

$$\sigma(X) = \frac{\sqrt{2555}}{36} \approx 1.40408$$

c)

$$E(X) = \frac{70}{36}$$

$$E(X^2) = \frac{35}{6}$$

$$V(X) = \frac{35}{6} - \left(\frac{70}{36}\right)^2 = \frac{665}{324}$$

$$\sigma(X) = \frac{\sqrt{665}}{18} \approx 1.432644$$

d)

$$E(X) = \frac{105}{36} \approx 2.917$$

$$E(X^2) = \frac{637}{36}$$

$$V(X) = \frac{637}{36} - \left(\frac{105}{36}\right)^2 = \frac{146}{16}$$

$$\sigma(X) = \frac{7\sqrt{3}}{4} \approx 3.031089$$

Abbildung 9: Veranschaulichung

42. a) Lösung:

$f(x)$ ist stückweise stetig, daher integrierbar

$f(x) \geq 0$, siehe Graph

$$\int_{-\infty}^{\infty} f(x)\,dx = \int_{-1}^{1} \left(\frac{2}{\pi} \cdot \frac{1}{x^2+1}\right)\,dx = \frac{2}{\pi} \int_{-1}^{1} \underbrace{\frac{1}{x^2+1}}_{arctan'(x)}\,dx = \frac{2}{\pi} \cdot \left(\frac{\pi}{4} - \left(-\frac{\pi}{4}\right)\right) = 1$$

$$\lim_{x \to \pm\infty} f(x) = 0$$

b) Lösung:

$$= \frac{2}{\pi} \int_{\frac{1}{\sqrt{3}}}^{1} \underbrace{\frac{1}{x^2+1}}_{arctan'(x)}\,dx = \frac{2}{\pi}\left(\arctan(1) - \arctan\left(\frac{1}{\sqrt{3}}\right)\right) = \frac{2}{\pi}\left(\frac{\pi}{4} - \frac{\pi}{6}\right) = \frac{2}{\pi} \cdot \frac{\pi}{12} = \frac{1}{6}$$

c) Lösung:

$E(X) = 0$ wegen Symmetrie zur y-Achse

d) Lösung:

$$E(X^2) = \int_{-\infty}^{\infty} = \frac{2}{\pi} \int_{-1}^{1} x^2 \frac{1}{x^2+1}\,dx = \frac{2}{\pi} \int_{-1}^{1} \frac{x^2+1-1}{x^2+1}\,dx = \frac{2}{\pi}\left(2 - [arctan(1) - arctan(-1)]\right) =$$

$$\underbrace{}_{1 - \frac{1}{x^2+1}}$$

$$\frac{2}{\pi}\left(2 - \left(\frac{\pi}{4} + \frac{\pi}{4}\right)\right) = \frac{2}{\pi}\left(2 - \frac{\pi}{2}\right) = \frac{4}{\pi} - 1$$

$$V(X) = E(X^2) - E(X)^2 = \frac{4}{\pi} - 1 - 0 = \frac{4}{\pi} - 1$$

$$\sigma(X) = \sqrt{V(X)} = \sqrt{\frac{4}{\pi} - 1} = \frac{\sqrt{4-\pi}}{\sqrt{\pi}} \approx 0.522723$$

43. Lösung:

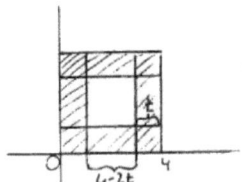

Abbildung 10: Veranschaulichung

$$P(X \leq t) = \frac{16 - (4 - 2t)^2}{16} = t - \frac{t^2}{4} = F(t)$$

$t \leq 0 : P(X \leq t) = 0$

$t > 2 : P(X \leq t) = 1$

$$F(t) = \begin{cases} t - \dfrac{t^2}{4} & t \in (0, 2) \\ 0 & t \leq 0 \\ 1 & t > 2 \end{cases}$$

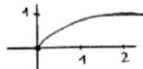

Abbildung 11: $F(t)$ ist stetig

$$f(t) = \begin{cases} 1 - \dfrac{t}{2} & t \in (0, 2) \\ 0 & \text{sonst} \end{cases}$$

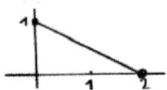

Abbildung 12: $f(t)$ ist nicht stetig in 0

44. Lösung:

$$P(\underbrace{K\, 10 + \geq 1\, K}_{\text{für 1 Gegner}}) = \frac{\binom{1}{1}\binom{2}{1}\binom{12}{3} + \binom{3}{3}\binom{12}{2}}{\binom{15}{5}} = \frac{506}{3003} = \frac{46}{273}$$

$$P(\text{für 2 Gegner}) = 2 \cdot \frac{46}{273} = \frac{92}{273} \approx 0.337$$

45. a) Lösung:

$$P(X = 3) = \binom{5}{3}\left(\frac{1}{6}\right)^3 \left(\frac{5}{6}\right)^2 = 0.032130$$

b) <u>Lösung:</u>

$$P(X = 2) = \binom{5}{2} \left(\frac{1}{6}\right)^2 \left(\frac{5}{6}\right)^3 = 0.160751$$

c) <u>Lösung:</u>

$$P(X = 3) = \binom{5}{3} \left(\frac{1}{2}\right)^3 \left(\frac{1}{2}\right)^2 = 0.3125$$

d) <u>Lösung:</u>

$$p = \frac{2}{6} = 13 \; P(X = 2) = \binom{5}{2} \left(\frac{1}{3}\right)^2 \left(\frac{2}{3}\right)^3 = 0.329218$$

e) <u>Lösung:</u>

$$P(X = 4) = \binom{5}{4} \left(\frac{1}{2}\right)^4 \left(\frac{1}{2}\right) = 0.15625$$

46. a) <u>Lösung:</u>

$$P(X \leq 6) = P(X = 6) + P(X = 7) + P(X = 8)$$
$$P(X = 6) = \binom{8}{6} \cdot \left(\frac{1}{2}\right)^6 \cdot \left(\frac{1}{2}\right)^2 = 0.1094$$
$$P(X = 7) = \binom{8}{7} \cdot \left(\frac{1}{2}\right)^7 \cdot \left(\frac{1}{2}\right)^1 = 0.03126$$
$$P(X = 8) = \binom{8}{8} \cdot \left(\frac{1}{2}\right)^8 \cdot \left(\frac{1}{2}\right)^0 = 0.003906$$
$$\Rightarrow P(X \leq 5) = 0.1446$$

b) <u>Lösung:</u>

$$P(X \geq 9) = P(X = 9) + P(X = 10) + P(X = 11) + P(X = 12) =$$
$$= \left(\frac{1}{2}\right)^{12} \left[\binom{12}{9} + \binom{12}{10} + \binom{12}{11} + \binom{12}{12}\right] = \left(\frac{1}{2}\right)^{12} [220 + 66 + 12 + 1] = 0.07300$$

c) <u>Lösung:</u>

Abstand 4 zu 6 = 2

Abstand 6 zu 9 = 3

d) <u>Lösung:</u>

$$P(X \leq 8) = 1 - P(X \leq 9) = 1 - (P(X = 9) + P(X = 10) + P(X = 11)) =$$
$$= 1 - \left(\frac{1}{2}\right)^2 \left(\binom{11}{9} + \binom{11}{10} + \binom{11}{11}\right) = 1 - 0.0321 = 0.9673$$

e) <u>Lösung:</u>

$$P(5 \leq X \leq 7) = P(X = 5) + P(X = 6) + P(X = 7) = \left(\frac{1}{2}\right)^{10} \left(\binom{10}{5} + \binom{10}{6} + \binom{10}{7}\right) =$$
$$= \left(\frac{1}{2}\right)^{10} \cdot 582 = 0.5684$$

47. a) <u>Lösung:</u>

$$p_j \geq 0$$
$$\sum_{k=1}^{\infty} \frac{1}{k} = \infty > 1 \Rightarrow \text{keine Zufallsvariable} \Rightarrow \text{keine Verteilung}$$

b) Lösung:

$$p_j \geq 0$$
$$\sum_{k=1}^{\infty} \frac{1}{k^2} = \frac{\pi^2}{6} = 1.6449 > 1 \Rightarrow \text{keine Zufallsvariable} \Rightarrow \text{keine Verteilung}$$

c) Lösung:

$$k = 2 : P(X = k) = \frac{1}{log(2)} \cdot \frac{(-1)^{2-1}}{2} = -\frac{1}{2 \cdot log(2)} = -0.7213 < 0 \Rightarrow \text{keine Zufallsvariable} \Rightarrow$$

keine Verteilung

$$\sum_{k=1}^{\infty} \frac{1}{log(2)} \cdot \frac{(-1)^{k-1}}{k} = 1$$

48. Lösung:

$$P(X > 5) =?, B\left(60, \frac{1}{6}\right)$$

$$P(X = 0) = \binom{60}{0} \cdot \left(\frac{1}{6}\right)^0 \cdot \left(\frac{5}{6}\right)^{60} = 0.00001775$$

$$P(X = 1) = \binom{60}{1} \cdot \left(\frac{1}{6}\right)^1 \cdot \left(\frac{5}{6}\right)^{59} = 0.0002130$$

$$P(X = 2) = \binom{60}{2} \cdot \left(\frac{1}{6}\right)^2 \cdot \left(\frac{5}{6}\right)^{58} = 0.001256$$

$$P(X = 3) = \binom{60}{3} \cdot \left(\frac{1}{6}\right)^3 \cdot \left(\frac{5}{6}\right)^{57} = 0.004858$$

$$P(X = 4) = \binom{60}{4} \cdot \left(\frac{1}{6}\right)^4 \cdot \left(\frac{5}{6}\right)^{56} = 0.01385$$

$$P(X = 5) = \binom{60}{5} \cdot \left(\frac{1}{6}\right)^5 \cdot \left(\frac{5}{6}\right)^{55} = 0.03102$$

$$P(X > 5) = 1 - P(X \leq 5) = 1 - 0.05137 = 0.94879$$

49. a) Lösung:

$f(x)$ ist stückweise stetig, daher integrierbar

$f(x) \geq 0$, siehe Graph
$$\int_{-\infty}^{\infty} f(x)\,dx = \int_{1}^{\infty} \frac{1}{x^2}\,dx = \lim_{b \to \infty} \int_{1}^{b} \frac{1}{x^2} = \lim_{b \to \infty} -\frac{1}{b} - \left(-\frac{1}{1}\right) = 0 + 1 = 1$$
$$\lim_{x \to \pm\infty} f(x) = 0 \Rightarrow \text{Dichtefunktion}$$

b) Lösung:
$$P(2 \leq X \leq 8) = \int_{2}^{8} \frac{1}{x^2}\,dx = -\frac{1}{x}\Big|_2^8 = -\frac{1}{8} + \frac{1}{2} = \frac{3}{8}$$

c) Lösung:
$$P(3 \leq X \leq t) = \int_{3}^{t} \frac{1}{x^2} = -\frac{1}{t} + \frac{1}{3} = \frac{1}{4} \Rightarrow \frac{1}{t} = \frac{1}{3} - \frac{1}{4} = \frac{1}{12} \Rightarrow t = 12$$

d) Lösung:
$$E(X) = \int_{-\infty}^{\infty} x \cdot f(x)dx = \int_{1}^{\infty} x \cdot \frac{1}{x^2}dx = \int_{1}^{\infty} \frac{1}{x}\,dx = \lim_{b \to \infty} \ln(b) - \ln(1) = \lim_{b \to \infty} \ln(b) = \infty \Rightarrow \nexists$$
Da $E(X) \nexists \Rightarrow E(X^2) \nexists \wedge \sigma(X) \nexists$

50. Lösung:

$$E\left(\frac{X-\mu}{\sigma}\right) = \frac{1}{\sigma}E(X-\mu) = \frac{1}{\sigma}(\underbrace{E(X)}_{=\mu} - \underbrace{E(\mu)}_{=\mu}) = 0$$

$$V\left(\frac{X-\mu}{\sigma}\right) = \frac{1}{\sigma^2}V(X-\mu) = \frac{1}{\sigma^2}\underbrace{V(X)}_{=\sigma^2} = 1$$

51. a) Lösung:

$$P(X \geq 1) = 1 - P(X=0) = 1 - \left(\frac{57}{75}\cdot\frac{56}{74}\cdot\frac{55}{73}\cdot\frac{54}{72}\right) = 1 - 0.32 = 0.68$$

b) Lösung:

$$P(\underbrace{1 \leq X \leq 3}_{=A}) = P(X \geq 1) - P(X=4) = 0.68 - \left(\frac{18}{75}\cdot\frac{17}{74}\cdot\frac{16}{73}\cdot\frac{15}{72}\right) = 0.67$$

c) Lösung:

$$P(SchmugglerIn \mid A) = \frac{P(SchmugglerIn \cap A)}{P(A)} =$$

$$= \frac{\left(\frac{18}{75}\cdot\frac{57}{74}\cdot\frac{56}{73}\cdot\frac{55}{72}\cdot\binom{4}{1}\right)\frac{1}{4} + \left(\frac{18}{75}\cdot\frac{17}{74}\cdot\frac{57}{73}\cdot\frac{56}{72}\cdot\binom{4}{2}\right)\cdot\frac{2}{4} + \left(\frac{18}{75}\cdot\frac{17}{74}\cdot\frac{16}{73}\cdot\frac{57}{72}\cdot\binom{4}{3}\right)\cdot\frac{3}{4}}{0.67} = 0.35$$

$$P(X=k) = \frac{\binom{18}{k}\binom{57}{4-k}}{\binom{75}{k}} \quad k \in \{0,1,2,3,4\}$$

52. a) Lösung:

$f(x)$ stückweise stetig, daher integrierbar

$$f\left(\frac{3\pi}{2}\right) = \frac{1}{2}(-1) = -\frac{1}{2} < 0 \Rightarrow \text{keine Dichtefuntion}$$

$$\int_{-\infty}^{\infty} f(x)\,dx = \int_0^{3\pi} \frac{1}{2}\sin x\,dx = -\frac{1}{2}(\cos 3\pi - \cos 0) = \frac{1}{2} + \frac{1}{2} = 1$$

b) Lösung:

$$x^2 + 2x - 15 = 0 \Rightarrow x_{1,2} = -1 \pm \sqrt{1-15} \Rightarrow x_1 = -5, x_2 = 3$$

$f(x)$ bei beiden Nennernullstellen null $\Rightarrow f(x)$ stückweise stetig, daher integrierbar

$$f(7) = \frac{8}{49 + 14 - 15} = \frac{8}{48} = \frac{1}{6} > 0 \Rightarrow f(x) > 0 \text{ für } x \geq 7$$

$$\int_{-\infty}^{\infty} f(x)\,dx = \int_7^{\infty} \frac{8}{x^2+2x-15}\,dx = \int_7^{\infty} \frac{8}{(x+5)(x-3)}\,dx \overset{Partialbruchzerlegung}{=}$$

$$\int_7^{\infty} \frac{-1}{(x+5)}\,dx + \int_7^{\infty} \frac{1}{(x-3)}\,dx = [\ln(x-3) - \ln(x+5)]\big|_7^{\infty} = \ln\frac{x-3}{x+5}\Big|_7^{\infty} = \ln 1 - \ln\frac{4}{12} =$$

$$-\ln 1 + \ln 3 = \ln 3 = 1.0986 \neq 1 \Rightarrow \text{keine Dichtefunktion}$$

c) Lösung:

$$x^2 - 10x + 25 = 0 \Leftrightarrow x_{1,2} = 5 \text{ hat Polstelle}$$

Da $f(x)$ stückweise stetig, daher integrierbar

$$f(3) = \frac{3}{9 - 30 + 25} = \frac{3}{4} > 0$$

$$f(6) = \frac{3}{36 - 30 + 25} = -3 < 0$$

$$\int_2^5 \frac{3}{x^2 - 10x + 25}\,dx = \int_2^5 \frac{3}{(x-5)^2}\,dx = \lim_{b\to\infty} -\frac{3}{b-5} - \frac{3}{3} = \infty \Rightarrow \nexists$$

$\Rightarrow$ keine Dichtefunktion

53. Lösung:

$$P(X=1) = \frac{3}{11}$$

$$P(X=2) = \frac{8}{11} \cdot \frac{3}{10} = \frac{12}{55}$$

$$P(X=3) = \frac{8}{11} \cdot \frac{7}{10} \cdot \frac{3}{9} = \frac{28}{165}$$

$$P(X=4) = \frac{8}{11} \cdot \frac{7}{10} \cdot \frac{6}{9} \cdot \frac{3}{8} = \frac{7}{55}$$

$$P(X=5) = \frac{8}{11} \cdot \frac{7}{10} \cdot \frac{6}{9} \cdot \frac{5}{8} \cdot \frac{3}{7} = \frac{1}{11}$$

$$P(X=6) = \frac{8}{11} \cdot \frac{7}{10} \cdot \frac{6}{9} \cdot \frac{5}{8} \cdot \frac{4}{7} \cdot \frac{3}{6} = \frac{2}{33}$$

$$P(X=7) = \frac{8}{11} \cdot \frac{7}{10} \cdot \frac{6}{9} \cdot \frac{5}{8} \cdot \frac{4}{7} \cdot \frac{3}{6} \cdot \frac{3}{5} = \frac{2}{55}$$

$$P(X=8) = \frac{8}{11} \cdot \frac{7}{10} \cdot \frac{6}{9} \cdot \frac{5}{8} \cdot \frac{4}{7} \cdot \frac{3}{6} \cdot \frac{2}{5} \cdot \frac{3}{4} = \frac{1}{55}$$

$$P(X=9) = \frac{8}{11} \cdot \frac{7}{10} \cdot \frac{6}{9} \cdot \frac{5}{8} \cdot \frac{4}{7} \cdot \frac{3}{6} \cdot \frac{2}{5} \cdot \frac{1}{4} \cdot \frac{3}{3} = \frac{1}{165}$$

$$E(X) = \sum_{j=1}^{9} j \cdot P(X=j) = \frac{3}{11} + 2 \cdot \frac{12}{55} + 3 \cdot \frac{28}{165} + 4 \cdot \frac{7}{55} + 5 \cdot \frac{1}{11} + 6 \cdot \frac{2}{33} + 7 \cdot \frac{2}{55} + 8 \cdot \frac{1}{55} + 9 \cdot \frac{1}{165} =$$

$$\frac{12}{11} + \frac{75}{55} + \frac{93}{165} = \frac{180}{165} + \frac{222}{165} + \frac{93}{165} = \frac{495}{163} = 3$$

$$E(X^2) = \sum_{j=1}^{9} j^2 \cdot P(X=j) = 1 \cdot \frac{3}{11} + 4 \cdot \frac{12}{55} + 9 \cdot \frac{28}{165} + 16 \cdot \frac{7}{55} + 25 \cdot \frac{1}{11} + 36 \cdot \frac{2}{33} + 49 \cdot \frac{2}{55} + 64 \cdot \frac{1}{55} + 81 \cdot \frac{1}{165} =$$

$$\frac{52}{11} + \frac{322}{55} + \frac{333}{165} = \frac{780}{165} + \frac{966}{165} + \frac{333}{165} = \frac{2079}{165} = \frac{63}{5} = 12.6$$

$$V(X) = E(X^2) - E(X)^2 = \frac{63}{5} - 9 = \frac{18}{5} = 3.6$$

$$\sigma(X) = \sqrt{V(X)} = \sqrt{\frac{18}{5}} = 3\sqrt{\frac{2}{5}} \approx 1.8974$$

54. Lösung:

$$P(besonderer\ Würfel \mid 5 \times 1er) = \frac{\frac{1}{30} \cdot \left(\frac{5}{6}\right)^5}{\frac{5}{30} \cdot 0 + \frac{3}{30} \cdot \left(\frac{3}{6}\right)^5 + \frac{1}{30} \cdot \left(\frac{5}{6}\right)^5 + \frac{21}{30} \cdot \left(\frac{1}{6}\right)^5} = \frac{25}{31} \approx 0.80655$$

55. Lösung:

$$\frac{1}{8} \cdot 100000 = 12500 \text{ Personen haben Unfälle}$$

$$12500 \cdot 8000 = 1 \cdot 10^8 \text{ € Gesamtprämie, die zu zahlen ist}$$

Gesamtkosten = Fixkosten + Gesamtprämie = 140 Mio €

$$\Rightarrow \frac{140000000}{100000} = 1400 \text{ €/Person/Jahr}$$

56. a) Lösung:

$f(x)$ ist stückweise stetig, daher integrierbar

$f(x) \geq 0$

$$\int_{-\infty}^{\infty} f(x)\, dx = \int_{-\infty}^{2} 0\, dx + \int_{2}^{\infty} \frac{384}{x^7}\, dx = -\left. \frac{384}{6x^6} \right|_{2}^{\infty} = \lim_{b \to \infty} -\frac{64}{b^6} + \frac{64}{2^6} = 0 + 1 = 1$$

$\Rightarrow$ Dichtefunktion

b) Lösung:
$$P(5 \le X \le 10) = \int_{5}^{10} \frac{384}{x^7}\, dx = -\frac{64}{10^6} + \frac{64}{5^6} = \frac{64}{12625} \approx 0.004032$$

c) $E(X) = \int_{-\infty}^{\infty} x \cdot f(x)dx = \int_{2}^{\infty} x \cdot \frac{384}{x^7} dx = \int_{2}^{\infty} \frac{384}{x^6}\, dx = \left. \frac{-384}{5x^5} \right|_{2}^{\infty}$

$= \lim_{b \to \infty} \frac{-384}{5b^5} + \frac{384}{5 \cdot 2^5} = \frac{384}{160} = \frac{12}{5} = 2.4$

$E(X^2) = \int_{-\infty}^{\infty} x^2 \cdot f(x)dx = \int_{2}^{\infty} x^2 \cdot \frac{384}{x^7} dx = \int_{2}^{\infty} \frac{384}{x^5}\, dx = \left. \frac{-96}{x^4} \right|_{2}^{\infty} = \lim_{b \to \infty} \frac{-96}{b^4} + \frac{96}{24} = 6$

$V(X) = E(X^2) - E(X)^2 = 6 - \left(\frac{12}{5}\right)^2 = \frac{6}{25} = 0.24$

$\sigma(X) = \sqrt{V(X)} = \frac{\sqrt{6}}{5} = 0.4899$

57. Lösung:

$$f(t) = \begin{cases} 1 - \dfrac{x}{2} & x \in (0,2) \\ 0 & \text{sonst} \end{cases}$$

$E(X) = \int_{-\infty}^{\infty} x \cdot f(x)\, dx = \int_{0}^{2} x \left(1 - \frac{x}{2}\right) dx = \int_{0}^{2} x - \frac{x^2}{2}\, dx = \left. \left(\frac{x^2}{2} - \frac{x^3}{6}\right) \right|_{0}^{2} = \left. \frac{3x^2 - x^3}{6} \right|_{0}^{2} =$

$\dfrac{12 - 8}{6} = \dfrac{4}{6} = \dfrac{2}{3}$

$E(X^2) = \int_{-\infty}^{\infty} x^2 \cdot f(x)\, dx = \int_{0}^{2} x^2 \left(1 - \frac{x}{2}\right) dx = \int_{0}^{2} x^2 - \frac{x^3}{2}\, dx = \left. \left(\frac{x^3}{3} - \frac{x^4}{8}\right) \right|_{0}^{2} = \frac{8}{3} - \frac{16}{3} = \frac{2}{3}$

$V(X) = E(X^2) - E(X)^2 = \dfrac{2}{3} - \dfrac{4}{9} = \dfrac{2}{9}$

$\sigma(X) = \sqrt{\dfrac{2}{9}} = \dfrac{\sqrt{2}}{3} \approx 0.4714$

58. Lösung:

$$\frac{1}{\sqrt{2\pi}} \int_{\mu+a\sigma}^{\mu+b\sigma} \frac{1}{\sigma} e^{-\frac{1}{2}\left(\frac{t-\mu}{\sigma}\right)^2} dt = \left(\begin{array}{c} x = \frac{t-\mu}{\sigma} \\ dx = \frac{1}{\sigma}dt \Leftrightarrow dt = \sigma\, dx \\ \text{Grenzen: } t = \mu + a\sigma \Rightarrow x = a;\ \ t = \mu + b\sigma \Rightarrow x = b \end{array} \right) = \int_{a}^{b} \frac{1}{\sqrt{2\pi}} e^{-\frac{x^2}{2}} dx$$

59. a) Lösung:

$X \ldots$ Flacheninhalt in cm^3

$\mu + a\sigma = 990 \Rightarrow a = \dfrac{990 - \mu}{\sigma} = \dfrac{990 - 1000}{5} = -2$

$P(X \ge 990) = \int_{a}^{b} \frac{1}{\sqrt{2\pi}} e^{-\frac{t^2}{2}} dt = \int_{-2}^{\infty} \frac{1}{\sqrt{2\pi}} e^{-\frac{t^2}{2}} dt \overset{\text{vertauschen, da symmetrisch}}{=} \int_{-\infty}^{2} \frac{1}{\sqrt{2\pi}} e^{-\frac{t^2}{2}} = 1 -$

$\Phi(2) = 0.977250$

b) Lösung:

$\mu + b\sigma = 1016 \Rightarrow b = \dfrac{1016 - \mu}{\sigma} = \dfrac{1016 - 1000}{5} = 3.2$

$$P(X \leq 1016) = \int_{-\infty}^{3.2} \frac{1}{\sqrt{2\pi}} e^{-\frac{t^2}{2}} \, dt = \Phi(2) = \Phi(3.19) + (\Phi(3.19) - \Phi(3.18)) =$$
$$= 0.9992886 + (0.9992886 - 0.9992636) = 0.9992886 + 0.0000250 = 0.99931$$

60. a) Lösung:

$X...$ Anzahl der fehlerhaften Bauteile unter 8000; $B(8000, \, 0.005)$

$$P(X \leq 55) = \sum_{k=0}^{55} \binom{8000}{k} \cdot p^k \cdot q^{8000-k} = \sum_{k=0}^{55} \binom{8000}{k} \cdot 0.005^k \cdot 0.995^{8000-k} \approx 0.990484$$

  b) Lösung:

$\mu = n \cdot p = 8000 \cdot 0.005 = 40$

$\sigma = \sqrt{npq} = \sqrt{40 \cdot 0.995} = \sqrt{\frac{40 \cdot 995}{1000}} = \frac{\sqrt{995}}{5}$

Stetigkeitskorrektur:

$a = -\infty$

$np + b\sqrt{npq} = 40 + b\frac{\sqrt{955}}{5} = 55.5 \Rightarrow b = \frac{55.5 - \mu}{\sigma} = 2.46$

$$P(X \leq 55) = \int_{-\infty}^{2.46} \frac{1}{\sqrt{2\pi}} e^{-\frac{t^2}{2}} \, dt = \Phi(2.46) = 0.9930531$$

  c) Lösung:

$\lambda = 8000 \cdot 0.005 = 40$ weil $\frac{\lambda}{n} = p$

$$P(X \leq 55) = \sum_{k=0}^{55} \frac{\lambda^k}{k!} \cdot e^{-\lambda} \approx 0.9903212$$

$\Rightarrow$ Poissonverteilung passt bei diesen Beispiel besser

61. a) Lösung:

Wir machen ein Baumdiagramm:

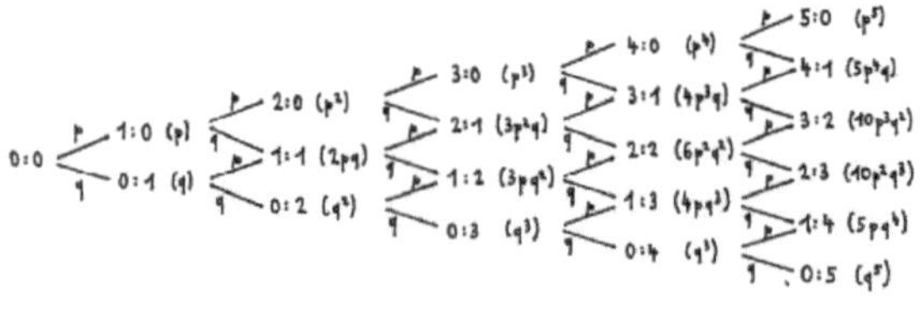

Abbildung 13: Veranschaulichung

Daraus vermuten wir, dass die Anzahl der Tore, die die Mannschaft A in einem Spiel, in dem n Tore gefallen sind, erzielt hat, (n, p)-binomialverteilt ist, also $P(A$ erzielt k Tore$|$es fielen n Tore$) = \binom{n}{k} p^k q^{n-k}$

Wir beweisen das durch Induktion nach n:

Im Fall $n = 0$ erzielt A mit Wahrscheinlichkeit 1 null Tore, andererseits gilt $\binom{0}{0} p^0 q^{0-0} = 1$

Sei $n > 0$. Für $j \in 0, 1, 2, ..., n-1$ sei $P(j)$ die Wahrscheinlichkeit, dass A j Tore erzielt hatte, bevor das letzte Tor fiel. Nach der Induktionsvoraussetzung gilt $P(j) = \binom{n-1}{j} p^j q^{n-1-j}$

Falls $k = 0$, dann muss B das letzte Tor erzielen, und es gilt

$$P(A \text{ erzielt 0 Tore } | \text{es fielen } n \text{ Tore}) = qP(0) = q\binom{n-1}{0} p^0 q^{n-1} = q^n = \binom{n}{0} p^0 q^{n-0}.$$

Wenn $k = n$, dann muss A das letzte Tor erzielen, und es gilt

$$P(A \text{ erzielt } n \text{ Tore} | \text{es fielen } n \text{ Tore}) = pP(n-1) = p\binom{n-1}{n-1} p^{n-1} q^0 = p^n = \binom{n}{n} p^n q^{n-n}.$$

Schließlich sei $0 < k < n$. Falls A das letzte Tor erzielt, muss A zuvor $k - 1$ Tore erzielt haben, und wenn B das letzte Tor erzielt, muss A zuvor k Tore erzielt haben. Daher gilt:

$$P(A \text{ erzielt } k \text{ Tore} | \text{es fielen } n \text{ Tore}) = pP(k-1) + qP(k) =$$
$$= p\binom{n-1}{k-1} p^{k-1} q^{(n-1)-(k-1)} + q\binom{n-1}{k} p^k q^{n-1-k} = p^k q^{n-k} \left(\binom{n-1}{k-1} + \binom{n-1}{k} \right) =$$
$$= \binom{n}{k} p^k q^{n-k}.$$

Somit wurde bewiesen, dass $P(A \text{ erzielt } k \text{ Tore} \mid \text{es fielen } n \text{ Tore}) = \binom{n}{k} p^k q^{n-k}$ gilt

b) Lösung:

$P_n := P(A \text{ gewinnt} \mid \text{es fielen } n \text{ Tore}), Q_n := P(A \text{ verliert} \mid \text{es fielen } n \text{ Tore})$und

$R_n := P(\text{Spiel endet Unentschieden} \mid \text{es fielen } n \text{ Tore}).$

Offensichtlich gewinnt A genau dann, wenn A mehr als die Hälfte der gefallenen Tore erzielt hat. Weiters verliert A genau dann, wenn A weniger als die Hälfte der gefallenen Tore erzielt hat, und das Spiel endet genau dann Unentschieden, wenn A genau die Hälfte der gefallenen Tore erzielt hat. Unter Verwendung von a) erhalten wir daher:

$$P_n = \sum_{k > \frac{n}{2}} \binom{n}{k} p^k q^{n-k}, \quad Q_n = \sum_{k < \frac{n}{2}} \binom{n}{k} p^k q^{n-k} \text{ und } R_n = 0, \text{dalls } n \text{ ungerade und } R_n = \binom{n}{\frac{n}{2}} p^{\frac{n}{2}} q^{\frac{n}{2}},$$
falls n gerade

c) Lösung:

Unabhängig von p gilt: $P_0 = 0$, $Q_0 = 0$ und $R_0 = 1$.

Falls $p = 0.6$:

$P_1 = 0.6$	$Q_1 = 0.4$	$R_1 = 0$
$P_2 = 0.36$	$Q_2 = 0.16$	$R_2 = 0.48$
$P_3 = 0.648$	$Q_3 = 0.352$	$R_3 = 0$
$P_4 = 0.4752$	$Q_4 = 0.1792$	$R_4 = 0.3456$
$P_5 = 0.68256$	$Q_5 = 0.31744$	$R_5 = 0$
$P_6 = 0.54432$	$Q_6 = 0.1792$	$R_6 = 0.27648$
$P_7 = 0.710208$	$Q_7 = 0.289792$	$R_7 = 0$
$P_8 = 0.594086$	$Q_8 = 0.173670$	$R_8 = 0.232243$
$P_9 = 0.733432$	$Q_9 = 0.266568$	$R_9 = 0$
$P_{10} = 0.633103$	$Q_{10} = 0.166239$	$R_{10} = 0.200658$
$P_{11} = 0.753498$	$Q_{11} = 0.246502$	$R_{11} = 0$
$P_{12} = 0.665209$	$Q_{12} = 0.158212$	$R_{12} = 0.176579$

Falls $p = 0.75$:

$P_1 = 0.75$	$Q_1 = 0.25$	$R_1 = 0$
$P_2 = 0.5625$	$Q_2 = 0.0625$	$R_2 = 0.375$
$P_3 = 0.84375$	$Q_3 = 0.15625$	$R_3 = 0$
$P_4 = 0.738281$	$Q_4 = 0.0507813$	$R_4 = 0.210938$
$P_5 = 0.896484$	$Q_5 = 0.103516$	$R_5 = 0$
$P_6 = 0.830566$	$Q_6 = 0.0375977$	$R_6 = 0.131836$
$P_7 = 0.9294434$	$Q_7 = 0.0705566$	$R_7 = 0$
$P_8 = 0.886185$	$Q_8 = 0.0272980$	$R_8 = 0.0865173$
$P_9 = 0.9510727$	$Q_9 = 0.0489273$	$R_9 = 0$
$P_{10} = 0.9218731$	$Q_{10} = 0.0197277$	$R_{10} = 0.0583992$
$P_{11} = 0.9656725$	$Q_{11} = 0.0343275$	$R_{11} = 0$
$P_{12} = 0.9455978$	$Q_{12} = 0.0142528$	$R_{12} = 0.0401495$

Falls $p = 0.7$:

$P_1 = 0.7$	$Q_1 = 0.3$	$R_1 = 0$
$P_2 = 0.49$	$Q_2 = 0.09$	$R_2 = 0.42$
$P_3 = 0.784$	$Q_3 = 0.216$	$R_3 = 0$
$P_4 = 0.6517$	$Q_4 = 0.0837$	$R_4 = 0.2646$
$P_5 = 0.83692$	$Q_5 = 0.16308$	$R_5 = 0$
$P_6 = 0.74431$	$Q_6 = 0.07047$	$R_6 = 0.18522$
$P_7 = 0.873964$	$Q_7 = 0.126036$	$R_7 = 0$
$P_8 = 0.805896$	$Q_8 = 0.0579677$	$R_8 = 0.136137$
$P_9 = 0.9011913$	$Q_9 = 0.0988087$	$R_9 = 0$
$P_{10} = 0.849732$	$Q_{10} = 0.0473490$	$R_{10} = 0.102919$
$P_{11} = 0.9217752$	$Q_{11} = 0.0782248$	$R_{11} = 0$
$P_{12} = 0.882151$	$Q_{12} = 0.0386008$	$R_{12} = 0.0792479$

Falls $p = 0.55$:

$P_1 = 0.55$	$Q_1 = 0.45$	$R_1 = 0$
$P_2 = 0.3025$	$Q_2 = 0.2025$	$R_2 = 0.495$
$P_3 = 0.57475$	$Q_3 = 0.42525$	$R_3 = 0$
$P_4 = 0.390981$	$Q_4 = 0.241481$	$R_4 = 0.367538$
$P_5 = 0.593127$	$Q_5 = 0.406873$	$R_5 = 0$
$P_6 = 0.441518$	$Q_6 = 0.255264$	$R_6 = 0.303218$
$P_7 = 0.608288$	$Q_7 = 0.391712$	$R_7 = 0$
$P_8 = 0.476956$	$Q_8 = 0.260381$	$R_8 = 0.262663$
$P_9 = 0.621421$	$Q_9 = 0.378579$	$R_9 = 0$
$P_{10} = 0.504405$	$Q_{10} = 0.261563$	$R_{10} = 0.234033$
$P_{11} = 0.633123$	$Q_{11} = 0.366877$	$R_{11} = 0$
$P_{12} = 0.526930$	$Q_{12} = 0.260685$	$R_{12} = 0.212385$

d) Lösung:

JA: Landhockey, Hallenfußball, Wasserball

62. a) Lösung:

Falls A (bzw. B) $> \dfrac{n}{2} + 1 = \dfrac{n+2}{2}$ der ersten n Tore erzielt hat, dann gewinnt A (bzw. B) auch das Spiel mit $n+2$ Toren, egal für welche Mannschaft die letzten beiden Tore fallen. Wenn A $\left[\dfrac{n}{2}\right] - 1$ der ersten n Tore erzielt, dann kann A höchstens $\left[\dfrac{n}{2}\right] + 1 \leq \dfrac{n}{2} + 1 = \dfrac{n+2}{2}$ Tore erzielen, und somit sicher nicht das Spiel gewinnen. Für die Fälle, dass A $\left[\dfrac{n}{2}\right]$ oder $\left[\dfrac{n}{2}\right] + 1$ Tore erzielt hat, machen wir ein Baumdiagramm:

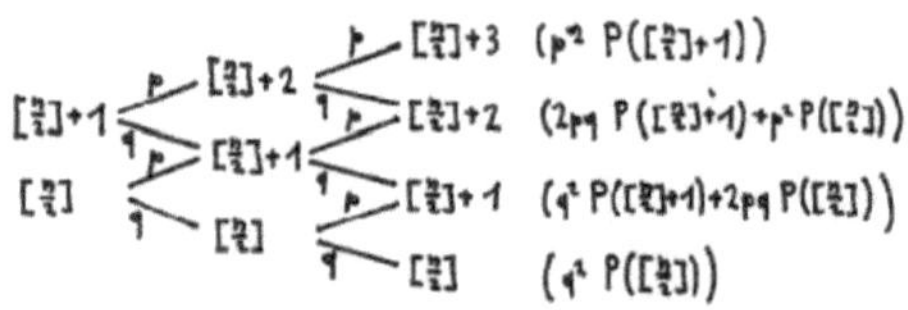

$$\begin{array}{l}
[\tfrac{n}{2}]+1 \nearrow [\tfrac{n}{2}]+2 \nearrow [\tfrac{n}{2}]+3 \quad (p^2\,P([\tfrac{n}{2}]+1)) \\
\qquad\qquad\qquad\searrow [\tfrac{n}{2}]+2 \quad (2p_H\,P([\tfrac{n}{2}]+1)+p^2\,P([\tfrac{n}{2}])) \\
[\tfrac{n}{2}] \searrow [\tfrac{n}{2}]+1 \nearrow [\tfrac{n}{2}]+1 \quad (q^2\,P([\tfrac{n}{2}]+1)+2p_H\,P([\tfrac{n}{2}])) \\
\qquad\qquad \searrow [\tfrac{n}{2}] \searrow [\tfrac{n}{2}] \quad (q^2\,P([\tfrac{n}{2}]))
\end{array}$$

Abbildung 14: Veranschaulichung

Da $\left[\dfrac{n}{2}\right]+2 > \dfrac{n}{2}+1 = \dfrac{n+2}{2}$, gewinnt A genau dann, wenn A mindestens $\left[\dfrac{n}{2}\right]+2$ Tore erzielt hat.

Daher erhalten wir unter Verwendung von Beispiel 61) a):

$$P_{n+2} = \sum_{k>\frac{n}{2}+1}\binom{n}{k}p^k q^{n-k} + p^2\binom{n}{\left[\frac{n}{2}\right]+1}p^{\left[\frac{n}{2}\right]+1}q^{n-\left[\frac{n}{2}\right]-1} + 2pq\binom{n}{\left[\frac{n}{2}\right]+1}p^{\left[\frac{n}{2}\right]+1}q^{n-\left[\frac{n}{2}\right]-1} +$$

$$+ p^2\binom{n}{\left[\frac{n}{2}\right]}p^{\left[\frac{n}{2}\right]}q^{n-\left[\frac{n}{2}\right]} =$$

$$= \sum_{k>\frac{n}{2}+1}\binom{n}{k}p^k q^{n-k} + \binom{n}{\left[\frac{n}{2}\right]+1}p^{\left[\frac{n}{2}\right]+1}q^{n-\left[\frac{n}{2}\right]-1}\underbrace{(p^2+2pq)}_{=(p+q)^2-q^2=1-q^2} + p^2\binom{n}{\left[\frac{n}{2}\right]}p^{\left[\frac{n}{2}\right]}q^{n-\left[\frac{n}{2}\right]} =$$

$$= \underbrace{\sum_{k>\frac{n}{2}}\binom{n}{k}p^k q^{n-k} + \binom{n}{\left[\frac{n}{2}\right]}\frac{n-\left[\frac{n}{2}\right]}{\left[\frac{n}{2}\right]+1}p^{\left[\frac{n}{2}\right]+1}q^{n\left[\frac{n}{2}\right]}(-q)}_{=P_n(\text{wegen }61)\,b))} + \binom{n}{\left[\frac{n}{2}\right]}p^{\left[\frac{n}{2}\right]+1}q^{n-\left[\frac{n}{2}\right]}p =$$

$$= P_n + \binom{n}{\left[\frac{n}{2}\right]}p^{\left[\frac{n}{2}\right]+1}q^{n-\left[\frac{n}{2}\right]}\left(p - \frac{n-\left[\frac{n}{2}\right]}{\left[\frac{n}{2}\right]+1}q\right)$$

Da $p > \dfrac{1}{2}$, ist $q < \dfrac{1}{2} < p$, und weil $n-\left[\dfrac{n}{2}\right] \le \left[\dfrac{n}{2}\right]+1$ gilt $\dfrac{n-\left[\frac{n}{2}\right]}{\left[\frac{n}{2}\right]+1}q \le q < p$.

Daher ist $p - \dfrac{n-\left[\frac{n}{2}\right]}{\left[\frac{n}{2}\right]+1}q > 0$, und somit $P_{n+2} > P_n$

b) <u>Lösung:</u>

Wenn n gerade ist, dann gilt: $k > \dfrac{n}{2} \Rightarrow k \le \dfrac{n}{2}+1 = \dfrac{n+2}{2} > \dfrac{n+1}{2}$. Daher ist

$$P_{n+1} = P_n + p\binom{n}{\frac{n}{2}}p^{\frac{n}{2}}q^{\frac{n}{2}} > P_n.$$

Im fall, dass n ungerade ist, folgt aus $k \le \dfrac{n}{2}$, dass $k \le \dfrac{n-1}{2}$ und daher $k+1 \le \dfrac{n+1}{2}$. Also A kann nur gewinnen, falls es $> \dfrac{n}{2}$ der ersten n Tore erzielt hat. Wenn A $\dfrac{n+1}{2}$ der ersten n Tore erzielt hat, und B das nächste Tor erzielt, dann gewinnt A ebenfalls nicht. Somit gilt $P_{n+1} = P_n - q\binom{n}{\frac{n+1}{2}}p^{\frac{n+1}{2}}q^{\frac{n-1}{2}} < P_n$.

c) <u>Lösung:</u>

Induktion nach n_2:

Für $n_2 = n_1+1$ folgt aus b), dass $P_{n_2} = P_{n_1+1} > P_{n_1}$, da n_1 gerade ist.

Für $n_2 = n_1+2$ folgt aus a), dass $P_{n_2} = P_{n_1+2} > P_{n_1}$

Sei $n_2 > n_1+2$. Dann ist $n_2 - 2 > n_1$ und daher $P_{n_2-2} > P_{n_1}$. Wegen a) gilt

$$P_{n_2} = P_{(n_2-2)+2} > P_{n_2-2} > P_{n_1}$$

d) <u>Lösung:</u>

e) Lösung:

Für den Fall $p < \dfrac{1}{2}$ würde man vielleicht vermuten, dass $P_{n+2} < P_n$ gilt. Es gilt jedoch stets $P_2 > P_0$,

falls $p > 0$! Aus der oben hergeleiteten Formel $P_n + \dbinom{n}{\left[\frac{n}{2}\right]} p^{\left[\frac{n}{2}\right]+1} q^{n-\left[\frac{n}{2}\right]} \left(p - \dfrac{n - \left[\frac{n}{2}\right]}{\left[\frac{n}{2}\right]+1} q \right)$ folgt:

für ungerade n gilt wegen $\dfrac{n - \left[\frac{n}{2}\right]}{\left[\frac{n}{2}\right]+1} = \dfrac{n - \frac{n-1}{2}}{\frac{n-1}{2}+1} = 1$ und $p < q$ die Eigenschaft $P_{n+2} < P_n$ und wegen

$\lim\limits_{n\to\infty} \dfrac{n - \left[\frac{n}{2}\right]}{\left[\frac{n}{2}\right]+1} = 1$ und $p < q$ gilt $P_{n+2} < P_n$ für alle genügend großen n. Vergleiche dazu die Werte von Q_n in der obigen Tabelle!

63. Lösung:

$$P(A \ gewinnt) = \sum_{n=0}^{\infty} p_n P_n, \quad P(A \ verliert) = \sum_{n=0}^{\infty} p_n Q_n, \quad P(\text{Spiel endet Unentschieden}) = \sum_{n=0}^{\infty} p_n R_n$$

Falls $p = 0.6$:

$P(A \ gewinnt) = 0.482139$

$P(A \ verliert) = 0.254354$

$P(\text{Spiel endet Unentschieden}) = 0.263507$

Falls $p = 0.75$:

$P(A \ gewinnt) = 0.659692$

$P(A \ verliert) = 0.119736$

$P(\text{Spiel endet Unentschieden}) = 0.220571$

Falls $p = 0.65$:

$P(A \ gewinnt) = 0.542233$

$P(A \ verliert) = 0.204881$

$P(\text{Spiel endet Unentschieden}) = 0.252886$

Falls $p = 0.55$:

$P(A \ gewinnt) = 0.422383$

$P(A \ verliert) = 0.307615$

$P(\text{Spiel endet Unentschieden}) = 0.270002$

64. a) Lösung:

Nach 61b) gilt $P(A \ gewinnt) = P_{30} = \sum_{k=16}^{30} \dbinom{30}{k} \cdot 0.6^k \cdot 0.4^{30-k} = 0.824631$.

(Bemerkung: Falls $p = 0.75$, dann ist $P_{30} = 0.99725047$)

b) Lösung:

$\lim\limits_{n\to\infty} P(np + a\sqrt{npq} \leq X \leq np + b\sqrt{npq}) = \int_a^b \dfrac{1}{\sqrt{2\pi}} e^{-\frac{t^2}{2}} \, dt$. Die Mannschaft A gewinnt, wenn sie mindestens 15.5 Tore erzielt. Wir bestimmen x aus der Gleichung $30 \cdot 0.6 + x\sqrt{30 \cdot 0.6 \cdot 0.4} = 15.5$, also

$$x = -\frac{5}{12}\sqrt{5} = -0.931695$$

Daher ist $P(A \ gewinnt) = \int_{-\frac{5}{12}\sqrt{5}}^{\infty} \frac{1}{\sqrt{2\pi}} e^{-\frac{t^2}{2}} \, dt = \int_{-\infty}^{\frac{5}{12}\sqrt{5}} \frac{1}{\sqrt{2\pi}} e^{-\frac{t^2}{2}} \, dt = 0.824253$

(Bemerkung: Falls $p = 0.75$, dann $x = -\frac{14}{3}\sqrt{\frac{2}{5}} = -2.95146$ und $P(A \ gewinnt) = 0.99841862$)

c) Lösung:

$$P(A \ gewinnt) \overset{63)}{=} \sum_{n=0}^{\infty} p_n P_n = \sum_{n=30}^{\infty} p_n P_n.$$ Weil 30 gerad ist, gilt wegen 62c), dass $P_n \geq P_{30}$ für alle $n \geq 30$. Daher:

$$P(A \ gewinnt) = \sum_{n=30}^{\infty} p_n P_n \geq \sum_{n=30}^{\infty} p_n P_{30} = P_{30} \underbrace{\sum_{n=30}^{\infty} p_n}_{=1} = P_{30}$$

Also $P(A \ gewinnt) \geq P_{30} = 0.824631$

(Aus den obigen Angaben kann man keine (brauchbare) obere Schranke für P(A gewinnt) gewinnen!)

65. Lösung:

Setze $q := 1 - p$. Wir machen ein Baumdiagramm:

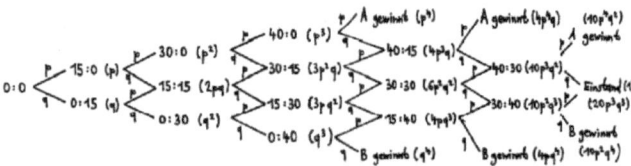

Abbildung 15: Veranschaulichung

Daher ist P(A gewinnt)$= p^4 + 4p^4 q + 10p^4 q^2 + 20p^3 q^3$. P(A gewinnt | es kam zu Einstand(1)). Um P(A gewinnt | es kam zu Einstand (1)) zu berechnen, machen wir wieder ein Baumdiagramm:

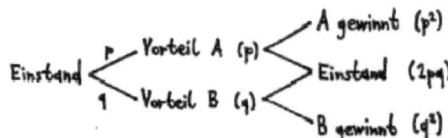

Abbildung 16: Veranschaulichung

Somit ist P(A gewinnt | es kam zu Einstand (1))$= p^2 + 2pq(p^2) + 2pq(p^2) + 2pq(p^2) + 2pq(p^2) + 2pq(p^2) + ... =$
$p^2(1 + 2pq + (2pq)^2 + (2pq)^3 + (2pq)^4 + (2pq)^5 + ...) = p^2 \frac{1}{1 - 2pq}$ (verwende die Formel für die geometrische

Reihe). Daher ist P(A gewinnt)= $p^4 + 4p^4q + 10p^4q^2 + 20p^5p^3 \dfrac{1}{1 - 2pq}$

Falls $p = 0.6$:

P(A gewinnt ein Game) = 0.735729

P(A gewinnt einen Satz) = 0.9591788

P(A gewinnt ein auf 2 gewonnene Sätze gespieltes Match) = 0.99513693

P(A gewinnt ein auf 3 gewonnene Sätz gespieltes Match) = 0.999360738

Falls $p = 0.25$:

P(A gewinnt ein Game) = 0.0507813

P(A gewinnt einen Satz) = $3.27638 \cdot 10^{-6}$

P(A gewinnt ein auf 2 gewonnene Sätze gespieltes Match) = $3.22039 \cdot 10^{-11}$

P(A gewinnt ein auf 3 gewonnene Sätz gespieltes Match) = $3.51706 \cdot 10^{-16}$

Falls $p = 0.3$:

P(A gewinnt ein Game) = 0.0992110

P(A gewinnt einen Satz) = $1.65112 \cdot 10^{-4}$

P(A gewinnt ein auf 2 gewonnene Sätze gespieltes Match) = $8.17766 \cdot 10^{-8}$

P(A gewinnt ein auf 3 gewonnene Sätz gespieltes Match) = $4.50014 \cdot 10^{-11}$

Falls $p = 0.55$:

P(A gewinnt ein Game) = 0.623149

P(A gewinnt einen Satz) = 0.804071

P(A gewinnt ein auf 2 gewonnene Sätze gespieltes Match) = 0.899878

P(A gewinnt ein auf 3 gewonnene Sätz gespieltes Match) = 0.9451588

Falls $p = 0.52$:

P(A gewinnt ein Game) = 0.549880

P(A gewinnt einen Satz) = 0.627163

P(A gewinnt ein auf 2 gewonnene Sätze gespieltes Match) = 0.686631

P(A gewinnt ein auf 3 gewonnene Sätz gespieltes Match) = 0.728348

Falls $p = 0.51$:

P(A gewinnt ein Game) = 0.524985

P(A gewinnt einen Satz) = 0.558395

P(A gewinnt ein auf 2 gewonnene Sätze gespieltes Match) = 0.587194

P(A gewinnt ein auf 3 gewonnene Sätz gespieltes Match) = 0.608499

66. Ein Würfel wird 100 mal geworfen. berechne die Wahrscheinlichkeit, dass der Sechser dabei mindestens 16 und höchstens 18 mal aufgetreten ist auf folgende Arten.

a) <u>Lösung:</u>

X... Anzahl der Sechser

$$P(16 \leq X \leq 18) = \sum_{k=16}^{18} \binom{100}{k} \left(\frac{1}{6}\right)^k \left(\frac{5}{6}\right)^{100-k} = 0.3088$$

b) <u>Lösung:</u>

$$\mu = np = 100 \cdot \frac{1}{6} = 16.67$$

$$\sigma = \sqrt{npq} = 3.73$$

Stetigkeitskorrektur: $(a - 0.5; b + 0.5)$

$$\mu + a\sigma = 15.5 \Rightarrow a = \frac{15.5 - \mu}{\sigma} = -0.31$$

$$\mu + b\sigma = 18.5 \Rightarrow b = \frac{18.5 - \mu}{\sigma} = 0.49$$

$$P(16 \leq X \leq 18) = \int_{-0.31}^{0.49} \frac{1}{\sqrt{2\pi}} e^{-\frac{t^2}{2}}\, dt = \int_{-\infty}^{0.49} \frac{1}{\sqrt{2\pi}} e^{-\frac{t^2}{2}}\, dt - \left(1 - \int_{-\infty}^{0.31} \frac{1}{\sqrt{2\pi}} e^{-\frac{t^2}{2}}\, dt\right) =$$

$$\Phi(0.49) - (1 - \Phi(0.31)) = 0.68793 - (1 - 0.62172) = 0.68793 - 0.37828 = 0.30965$$

c) <u>Lösung:</u>

$$\lambda = np = 100 \cdot \frac{1}{6} = \frac{100}{6} = \frac{50}{3} \text{ weil } p = \frac{\lambda}{n}$$

$$P(16 \leq X \leq 18) = \sum_{k=16}^{18} \frac{\lambda^k}{k!} e^{-\lambda} = \sum_{k=16}^{18} \frac{\left(\frac{50}{3}\right)^k}{k!} e^{-\left(\frac{50}{3}\right)} = 0.2827$$

$\Rightarrow$ NV ist besser

67. <u>Lösung:</u>

Pik = 13 Karten

Es gibt:

- Pik König 1 Karte

- König $\neq$ Pik 3 Karten

- Pik $\neq$ König 12 Karten

- 36 andere Karten

$$P(3 \times Pik\ und\ genau\ 2 \times K\ddot{o}nige) = \frac{\overbrace{\binom{12}{3}\binom{3}{2}}^{\text{kein Pik König}} + \overbrace{\binom{1}{1}\binom{12}{2}\binom{3}{1}\binom{36}{1}}^{\text{mit Pik König}}}{\binom{52}{5}} = 0.002997$$

68. a) <u>Lösung:</u>

integrierbar

$$P(X = n) \geq 0 \quad n \in \mathbb{N}_0$$

$$\sum_{n=0}^{\infty} P(X = n) = \sum_{n=0}^{\infty} \frac{4}{5}\left(\frac{1}{5}\right)^n = \frac{1}{5}\frac{1}{1 - \frac{1}{5}} = 1$$

$\Rightarrow$ ist Dichtefunktion

b) <u>Lösung:</u>

$$E(X) = \sum_{n=0}^{\infty} nP(X=n) = \frac{4}{5} \underbrace{\sum_{n=0}^{\infty} n\left(\frac{1}{5}\right)^n}_{\sum_{n=1}^{\infty}} \stackrel{NR}{=} \frac{4}{5} \frac{\frac{1}{5}}{\left(\frac{4}{5}\right)^2} = \frac{1}{4}$$

NR: $f(x) = \sum_{n=0}^{\infty} x^n = \frac{1}{1-x}$ $(R=1)$

$x \cdot f'(x) = x \sum_{n=1}^{\infty} nx^{n-1} = x\frac{1}{(1-x)^2}$

$\sum_{n=1}^{\infty} nx^n = \frac{x}{(1-x)^2}$ $(R=1)$

$$x(x \cdot f'(x))' = \underbrace{x \sum_{n=1}^{\infty} n^2 x^{n-1}}_{=\sum_{n=1}^{\infty} n^2 x^n \;(R=1)} = \frac{x+x^2}{(1-x)^3}$$

c) <u>Lösung:</u>

$$E(X^2) = \frac{4}{5} \underbrace{\sum_{n=0}^{\infty} n^2 \left(\frac{1}{5}\right)^n}_{\sum_{n=1}^{\infty}} = \frac{4}{5} \cdot \frac{\frac{1}{5} \cdot \left(\frac{1}{5}\right)^2}{\left(\frac{4}{5}\right)^3} = \frac{\frac{6}{25}}{\frac{16}{25}} = \frac{3}{8}$$

$V(X) = E(X^2) - E(X)^2 = \frac{3}{8} - \frac{1}{16} = \frac{5}{16}$

$\sigma(X) = \frac{\sqrt{5}}{4}$

69. a) <u>Lösung:</u>

X... Länge der Nägel

$\mu + a\sigma = 3.4 \Rightarrow a = \frac{3.4-\mu}{\sigma} = \frac{3.4-4}{0.1} = -1$

$b = -\infty$

$P(X \geq 3.9) = \int_{-1}^{\infty} \frac{1}{\sqrt{2\pi}} e^{-\frac{t^2}{2}} dx = \int_{-\infty}^{1} \frac{1}{\sqrt{2\pi}} e^{\frac{t^2}{2}} dt = \Phi(1) = 0.84134$

b) <u>Lösung:</u>

$a = -\infty$

$\mu + b\sigma = 4.24 \Rightarrow b = \frac{4.24-\mu}{\sigma} = 2.5$

$\int_{-\infty}^{2.5} \frac{1}{\sqrt{2\pi}} e^{-\frac{t^2}{2}} dt = \Phi(2.5) = 0.9937903$

c) <u>Lösung:</u>

$\mu + a\sigma = 3.8 \Rightarrow a = \frac{3.8-\mu}{\sigma} = -2$

$\mu + b\sigma = 4.1 \Rightarrow b = \frac{4.1-\mu}{\sigma} = 1$

$\int_{-2}^{1} \frac{1}{\sqrt{2\pi}} e^{-\frac{t^2}{2}} dt = \int_{-\infty}^{1} \frac{1}{\sqrt{2\pi}} e^{-\frac{t^2}{2}} dt - \left(1 - \int_{-\infty}^{2} \frac{1}{\sqrt{2\pi}} e^{-\frac{t^2}{2}} dt\right) = \Phi(1) - (1 - \Phi(2)) =$

$$= 0.84134 - (1 - 0.977250) = 0.84134 - 0.02275 = 0.81859$$

70. a) <u>Lösung:</u>

$X\ldots$ Füllgewicht

$$0.06 = P(X \le a) = P(X \le \mu + z\sigma) = \int_{-\infty}^{z} \frac{1}{\sqrt{2\pi}} e^{-\frac{t^2}{2}} \, dt \Rightarrow \int_{-\infty}^{-z} \frac{1}{\sqrt{2\pi}} e^{-\frac{t^2}{2}} \, dt = 1 - 0.06 = 0.94$$

$$\Rightarrow -z \approx 1.56 \Rightarrow z = -1.56$$

$$a = 1010 - 1.56 \cdot 7 = 999.08g \approx 999g \text{ (muss abgerundet werden)}$$

b) <u>Lösung:</u>

$$\mu + a\sigma = 999 \Rightarrow a = \frac{999 - \mu}{\sigma} = -\frac{11}{7} \approx -1.57$$

$$\mu + b\sigma = 1025 \Rightarrow b = \frac{1025 - \mu}{\sigma} = \frac{15}{7} \approx 2.14$$

$$P(999 \le X \le 1025) = \int_{-1.57}^{2.14} \frac{1}{\sqrt{2\pi}} e^{-\frac{t^2}{2}} \, dt = \int_{-\infty}^{2.14} \frac{1}{\sqrt{2\pi}} e^{-\frac{t^2}{2}} \, dt - \left(1 - \int_{-\infty}^{1.57} \frac{1}{\sqrt{2\pi}} e^{-\frac{t^2}{2}} \, dt\right) =$$

$$= \Phi(2.14) - (1 - \Phi(1.57)) = 0.983823 - (1 - 0.941792) = 0.983823 - 0.058208 = 0.925615$$

c) <u>Lösung:</u>

$$0.02 = P(X \le a) = P(X \le \mu + z\sigma) = \int_{-\infty}^{z} \frac{1}{\sqrt{2\pi}} e^{-\frac{t^2}{2}} \, dt \Rightarrow \int_{-\infty}^{-z} \frac{1}{\sqrt{2\pi}} e^{-\frac{t^2}{2}} \, dt = 1 - 0.02 = 0.98$$

$$\Rightarrow -z \approx 2.06 \Rightarrow z = -2.06$$

$$a = 1010 - 2.06 \cdot 7 = 995.58 \Rightarrow 995g$$

71. a) <u>Lösung:</u>

$$\lambda = \nu \cdot t = 15 \cdot \frac{1}{4} = \frac{15}{4}$$

$$P(X \le 5) = \sum_{k=0}^{5} \frac{\left(\frac{15}{4}\right)^k}{k!} e^{-\left(\frac{15}{4}\right)} \approx 0.8228$$

b) <u>Lösung:</u>

$$\lambda = \nu \cdot t = 15 \cdot \frac{1}{3} = 5$$

$$P(3 \le X \le 8) = \sum_{k=3}^{8} \frac{5^k}{k!} e^{-5} \approx 0.8073$$

c) <u>Lösung:</u>

$$P(\lambda) = P(\nu v) = P(15 \cdot 1) = P(15)$$

$$E(X) = \lambda = 15$$

$$\sigma(X) = \sqrt{\lambda} = \sqrt{15} = 3.873$$

72. a) <u>Lösung:</u>

$X\ldots$ Gewinn

$$E(X) = 0 \cdot \frac{5}{6} + \frac{1}{6} \cdot \frac{5}{6} \cdot 3^1 + \left(\frac{1}{6}\right)^2 \cdot \frac{5}{6} \cdot 3^2 + \ldots = \frac{1}{6} \cdot \frac{5}{6} \cdot 3 \left(\underbrace{1 + \frac{1}{6} \cdot 3}_{=\frac{1}{2}} + \underbrace{\left(\frac{1}{6} \cdot 3\right)^2}_{=\left(\frac{1}{2}\right)^2} + \ldots\right) = \frac{5}{12} \cdot \frac{1}{1 - \frac{1}{2}} = \frac{5}{6} \text{€}$$

Startgebühr abziehen: $\frac{5}{6}$ € $- 2$ € $= -\frac{7}{6}$€(wir haben einen Verlust zu erwarten)

b) Lösung:

müsste $\frac{5}{6}$ € sein, aber eine faire Startgebühr können wir nicht zahlen, da $\frac{5}{6} = 0.8333...$

73. Lösung:

$$1 \leq n_1 < n_2 < n_3 < n_4 < n_5 < n_6 \leq 45$$

$$1 \leq n_1 < n_2 - 1 < n_3 - 2 < n_4 - 3 < n_5 - 4 < n_6 - 5 \leq 40$$

$$P = \frac{\text{günstige}}{\text{mögliche}} = 1 - \frac{\binom{40}{6}}{\binom{45}{6}} = 1 - 0.47125 = 0.5287$$

74. a) Lösung:

$$\mu = np = 10000 \cdot \frac{1}{6} = 1666.67 \approx 1667$$

$$\sigma = \sqrt{npq} = 37.27 \approx 37 \Rightarrow\approx N(1667, 37)$$

Stetigkeitskorrektur: $a - 0.5$, $b + 0.5$

$$\mu + a\sigma = 1566.5 \Rightarrow a = \frac{1566.5 - \mu}{\sigma} = -2.7162$$

$$\mu + b\sigma = 1766.5 \Rightarrow b = \frac{1766.5 - \mu}{\sigma} = 2.689$$

$$P(1567 \leq X \leq 1766) = \int_{-2.72}^{2.68} \frac{1}{\sqrt{2\pi}} e^{-\frac{t^2}{2}} \, dt = \int_{-\infty}^{2.69} \frac{1}{\sqrt{2\pi}} e^{-\frac{t^2}{2}} \, dt - \left(1 - \int_{-\infty}^{2.72} \frac{1}{\sqrt{2\pi}} e^{-\frac{t^2}{2}} \, dt\right) =$$

$$\Phi(2.69) - (1 - \Phi(2.72)) = 0.9964274 - (1 - 0.9967359) = 0.9964274 - 0.0032641 = 0.9931633$$

b) Lösung:

Stetigkeitskorrektur: $a - 0.5$, $b + 0.5$

$$a = -\infty$$

$$\mu + b\sigma = 1000.5 \Rightarrow b = \frac{1000.5 - \mu}{\sigma} = -17.9$$

$$\Rightarrow P(X \leq 1000) = 0$$

c) Lösung:

Stetigkeitskorrektur: $a - 0.5$, $b + 0.5$

$$\mu + a\sigma = 1999.5 \Rightarrow a = \frac{1999.5 - \mu}{\sigma} = 8.986$$

$$b = \infty$$

$$\Rightarrow P(X \geq 2000) = 0$$

75. a) Lösung:

$$\lambda = \nu t = 100 \cdot \frac{1}{2} = 50$$

$$P(X \leq 60) = \sum_{k=0}^{60} \frac{50^k}{k!} e^{-50} = 0.92784$$

b) Lösung:

$$\lambda = \nu t = 100 \cdot \frac{1}{6} = \frac{50}{3}$$

$$P(10 \leq X \leq 20) = \sum_{k=10}^{20} \frac{\left(\frac{50}{3}\right)^k}{k!} e^{-\left(\frac{50}{3}\right)} = 0.7968$$

c) Lösung:

$$\lambda = \nu t = 100 \cdot \frac{1}{4} = 25$$

$$P(X \geq 30) = 1 - P(X \leq 29) = 1 - \sum_{k=0}^{29} \frac{25^k}{k!} e^{-14} \approx 0.1821$$

76. a) Lösung:

$f(x)$ integrierbar, da stückweise stetig

$f(x) \geq 0$

$$\int_{-\infty}^{\infty} f(x)\,dx = \sqrt{\frac{2}{\pi}} \underbrace{\int_0^{\infty} e^{-\frac{x^2}{2}}\,dx}_{\substack{= \frac{1}{2}\int_{-\infty}^{\infty} e^{-\frac{x^2}{2}}\,dx = \sqrt{2\pi}\cdot\frac{1}{2} \\ = 2\int_0^{\infty} e^{-\frac{x^2}{2}}\,dx = \sqrt{\frac{\pi}{2}}}} = \sqrt{\frac{2}{\pi}}\sqrt{\frac{\pi}{2}} = 1$$

b) Lösung:

$$E(X) = \int_0^{\infty} x\sqrt{\frac{2}{\pi}} e^{-\frac{x^2}{2}}\,dx = \begin{pmatrix} u = \frac{x^2}{2} \\ du = x\,dx \end{pmatrix} = \sqrt{\frac{2}{\pi}}\int e^{-u}\,du = -\sqrt{\frac{2}{\pi}} e^{-u} = -\sqrt{\frac{2}{\pi}}\cdot e^{-\frac{x^2}{2}}\Big|_0^{\infty} =$$

$$0 + 1\sqrt{\frac{2}{\pi}} = \sqrt{\frac{2}{\pi}}$$

c) Lösung:

$$E(X^2) = \int_0^{\infty} x^2\sqrt{\frac{2}{\pi}} e^{-\frac{x^2}{2}}\,dx = \frac{1}{2}\int_{-\infty}^{\infty} e^{-\frac{x^2}{2}}\,dx = \int_{-\infty}^{\infty} x^2 \underbrace{\frac{1}{\sqrt{2\pi}} e^{-\frac{x^2}{2}}}_{\text{Dichte von N(0,1)}}\,dx = 1 \text{ wegen Symmetrie}$$

zur x-Achse

$$V(X) = 1 - \frac{2}{\pi}$$

$$\sigma(X) = \sqrt{V(X)} = \sqrt{1 - \frac{2}{\pi}}$$

77. a) Lösung:

$\mu = ?$

$$\mu + a\sigma = 2530 \Rightarrow a = \frac{2530 - \mu}{\sigma}$$

$$0.01 = P(X \geq 2530) = 1 - \int_{-\infty}^{a} \frac{1}{\sqrt{2\pi}} e^{-\frac{t^2}{2}}\,dt \Rightarrow 0.99 = \int_{-\infty}^{a} \frac{1}{\sqrt{2\pi}} e^{-\frac{t^2}{2}}\,dt = x = 2.33$$

$$\mu = 2530 - 2.33 \cdot 12 = 2502.04 \approx 2502$$

b) Lösung:

$$0.04 = P(X \leq \mu + z\sigma) = \int_{-\infty}^{z} \frac{1}{\sqrt{2\pi}} e^{-\frac{t^2}{2}}\,dt \Rightarrow \int_{-\infty}^{-z} \frac{1}{\sqrt{2\pi}} e^{-\frac{t^2}{2}}\,dt = 1 - 0.04 = 0.96$$

$$\Rightarrow -z = 1.76 \Rightarrow z = -1.76$$

$$b = \mu + z\sigma = 2502 - 1.76 \cdot 12 = 2480.94 \approx 2481$$

c) Lösung:

$$\mu + a\sigma = 2475 \Rightarrow a = \frac{2475 - \mu}{\sigma} = -2.25$$

$$\mu + b\sigma = 2525 \Rightarrow b = \frac{2525 - \mu}{\sigma} = 1.916$$

$$P(2475 \le X \le 2525) = \int_{-2.25}^{1.92} \frac{1}{\sqrt{2\pi}} e^{-\frac{t^2}{2}} \, dt = \int_{-\infty}^{1.92} \frac{1}{\sqrt{2\pi}} e^{-\frac{t^2}{2}} \, dt - \left(1 - \int_{-\infty}^{2.25} \frac{1}{\sqrt{2\pi}} e^{-\frac{t^2}{2}} \, dt\right) =$$

$$\Phi(1.92) - (1 - \Phi(2.25)) = 0.972571 - (1 - 0.98776) = 0.96035$$

78. a) Lösung:

$$0.03 = P(X \le 990) = \int_{-\infty}^{z} \frac{1}{\sqrt{2\pi}} e^{-\frac{t^2}{2}} \, dt \Rightarrow \int_{-\infty}^{-z} \frac{1}{\sqrt{2\pi}} e^{-\frac{t^2}{2}} \, dt = 1 - 0.03 = 0.97$$

$$\Rightarrow -z = 1.88 \Rightarrow z = -1.88$$

$$\sigma = \frac{990 - 1000}{-1.88} = 5.319g \approx 5.3g$$

b) Lösung:

$$\mu + a\sigma = 995 \Rightarrow a = \frac{995 - \mu}{4.8}$$

$$0.03 = P(X \ge 995) = 1 - \int_{-\infty}^{a} \frac{1}{\sqrt{2\pi}} e^{-\frac{t^2}{2}} \, dt \Rightarrow 0.97 = \int_{-\infty}^{a} \frac{1}{\sqrt{2\pi}} e^{-\frac{t^2}{2}} \, dt = z = -1.88$$

$$\mu = 995 + 1.88 \cdot 4.8 = 1004.024 \approx 1005g$$

c) Lösung:

$$\mu + a\sigma = 995 \Rightarrow a = \frac{995 - 1006}{4.8} = -2.29$$

$$\mu + b\sigma = 1019 \Rightarrow b = \frac{1019 - 1006}{4.8} = 2.71$$

$$P(995 \le X \le 1019) = \int_{-2.29}^{2.71} \frac{1}{\sqrt{2\pi}} e^{-\frac{t^2}{2}} \, dt = \int_{-\infty}^{2.71} \frac{1}{\sqrt{2\pi}} e^{-\frac{t^2}{2}} \, dt - \left(1 - \int_{-\infty}^{2.29} \frac{1}{\sqrt{2\pi}} e^{-\frac{t^2}{2}} \, dt\right) =$$

$$\Phi(2.71) - (1 - \Phi(2.29)) = 0.9966358 - (1 - 0.988989) = 0.9856248$$

79. Lösung:

$$f(t) = \begin{cases} 0 & t < 0 \\ \lambda e^{-\lambda t} & t \ge 0 \end{cases}$$

$$E(X) = \int_{-\infty}^{\infty} x f(x) \, dx = \int_{0}^{x} x \lambda e^{-\lambda x} \, dx = \lambda \int_{0}^{x} x e^{-\lambda x} \, dx = \lambda \left[-\frac{1}{\lambda} e^{-\lambda x} x \Big|_{0}^{\infty} + \frac{1}{\lambda} \int_{0}^{\infty} e^{-\lambda x} \, dx \right] =$$

$$-\frac{1}{\lambda} e^{-\lambda x} \Big|_{0}^{\infty} = \frac{1}{\lambda}$$

$$E(X^2) = \int_{-\infty}^{\infty} x^2 f(x) \, dx = \int_{0}^{\infty} x^2 \lambda e^{-\lambda x} \, dx = \lambda \left[-\frac{1}{\lambda} e^{-\lambda x} x^2 \Big|_{0}^{\infty} + \frac{1}{\lambda} \int_{0}^{\infty} \infty e^{-\lambda x} \cdot 2x \, dx \right] =$$

$$= 2 \int_{0}^{\infty} e^{-\lambda x} x \, dx = \frac{2}{\lambda^2}$$

$$V(X) = E(X^2) - E(X)^2 = \frac{2}{\lambda^2} - \frac{1}{\lambda^2} = \frac{1}{\lambda^2}$$

$$\sigma(X) = \frac{1}{\lambda}$$

80. a) Lösung:

$$f(t) = \begin{cases} 1 - \frac{x}{2} & x \in (0, 2) \\ 0 & \text{sonst} \end{cases}$$

$$P(X \ge 100) = \int_{100}^{\infty} \lambda e^{-\lambda t} \, dt = -e^{-\lambda t} \Big|_{100}^{\infty} = -e^{-0.0005 t} \Big|_{100}^{\infty} = \lim_{t \to \infty} \left(-e^{-0.0005 t} \right) + e^{-0.05} = 0 +$$

$$e^{-0.05} = 0.95123$$

b) $P(X \geq 200) = e^{-0.0005 \cdot 200} = 0.904837$

c) Lösung:

$$P(100 \leq X \leq 8000) = -e^{-0.0005t}\big|_{100}^{8000} = e^{-4} + e^{-0.05} = 0.93291$$

d) Lösung:

$$P(X \leq d) = \underbrace{\int_0^d \lambda e^{-\lambda t}\, dt}_{= -e^{-0.0005d} + 1 = 0.95} = 0.95$$

$$\Rightarrow d = 2000 \cdot \ln 20 = 5991.4666h$$

81. a) Lösung:

$$\mu + a\sigma = 177 \Rightarrow a = \frac{177 - \mu}{\sigma} = -2.17$$

$$\mu + b\sigma = 206 \Rightarrow b = \frac{206 - \mu}{\sigma} = 2.67$$

$$P(177 \leq X \leq 206) = \int_{-2.17}^{2.67} \frac{1}{\sqrt{2\pi}} e^{-\frac{t^2}{2}}\, dt = \int_{-\infty}^{2.67} \frac{1}{\sqrt{2\pi}} e^{-\frac{t^2}{2}}\, dt - \left(1 - \int_{-\infty}^{2.17} \frac{1}{\sqrt{2\pi}} e^{-\frac{t^2}{2}}\, dt\right) =$$

$$= \Phi(2.67) - (1 - \Phi(2.17)) = 0.9962074 - (1 - 0.984997) = 0.98120$$

b) Lösung:

$$P(X > a) = P(X > \mu + z\sigma) = 1 - \Phi(z)$$

$$0.95 = 1 - \Phi(z) \Rightarrow z = -1.645$$

$$\Rightarrow a = 190 - 1.645 \cdot 6 = 180.13 \approx 180 km/h$$

c) Lösung:

$$P(X \leq a) = \Phi(z) = 0.99 \Rightarrow z = 2.33$$

$$\Rightarrow a = 190 + 2.33 \cdot 6 = 203.98 \approx 204 km/h$$

82. a) Lösung:

geometrisch verteilt, da es um eine natürliche Zahl (Anzahl der Versuche) geht

$$p = 1 - \left(\frac{5}{6}\right)^3 = 1 - \frac{125}{216} = \frac{91}{216}$$

b) Lösung:

$$E(X) = \frac{1}{p} = \frac{216}{91} \approx 2.3736$$

$E(X)$ ist größer als 2

83. a) Lösung:

Exponentialverteilung mit $\lambda = \nu = 6$, weil es um ein Zeitintervall geht; es geht um reelle Zahl

$$E(\lambda) = E(6)\text{-verteilt}$$

b) Lösung:

$$E(X) = \frac{1}{\lambda} = \frac{1}{6} \approx 2 \text{ Monate}$$

84. a) Lösung:

geometrisch verteilt, da es um die Anzahl an Versuchen geht

$$p = \frac{12}{37}$$

b) <u>Lösung:</u>

$$E(X) = \frac{1}{p} = \frac{37}{12} \approx 3.083$$

85. a) <u>Lösung:</u>

$$P(X = k) \geq 0$$

$P(X = k)$ integrierbar, da stückweise stetig

$$\sum_{k=1}^{\infty} \frac{2k^2}{3^{k+1}} = \frac{2}{3} \sum_{k=1}^{\infty} k^2 \left(\frac{1}{3}\right)^k = \frac{2}{3} \left(\frac{\left(\frac{1}{3}\right)^3 + \frac{1}{3}}{\left(1 - \frac{1}{3}\right)^3}\right) = 1$$

Nebenüberlegungen:

$R = 1$ weil geometrische Reihe hat $R = 1$ und ändert sich beim Differenzieren nicht (da Potenzreihe)

$$\sum_{n=0}^{\infty} x^n = \frac{1}{1-x}$$

$$\left(1 + \sum_{n=1}^{\infty} x^n\right)' = \sum_{n=1}^{\infty} n \cdot x^{n-1} = \frac{1}{(1-x)^2}$$

$$\sum_{n=1}^{\infty} n \cdot x^n = \frac{x}{(1-x)^2}$$

$$\sum_{n=1}^{\infty} n^2 \cdot x^n = \frac{x^2 + x}{(1-x)^3}$$

$$\sum_{n=1}^{\infty} n^3 \cdot x^n = \frac{x^3 + 4x^2 + x}{(1-x)^4}$$

$$\sum_{n=1}^{\infty} n^4 \cdot x^n = \frac{x^4 + 11x^3 + 11x^2 + x}{(1-x)^5}$$

b) <u>Lösung:</u>

$$E(X) = \sum_{k=1}^{\infty} k \frac{2k^2}{3^{k+1}} = \frac{2}{3} \sum_{k=1}^{\infty} k^3 \left(\frac{1}{3}\right)^k = \frac{2}{3} \left(\frac{\left(\frac{1}{3}\right)^3 + 4\left(\frac{1}{3}\right)^2 \frac{1}{3}}{\left(1 - \frac{1}{3}\right)^4}\right) = 2 \cdot \frac{3}{4} = \frac{3}{2}$$

c) <u>Lösung:</u>

$$E(X^2) = \sum_{k=1}^{\infty} k^2 \frac{2k^2}{3^{k+1}} = \frac{2}{3} \sum_{k=1}^{\infty} k^4 \left(\frac{1}{3}\right)^k = 10$$

$$V(X) = E(X^2) - E(X)^2 = 10 - \left(\frac{3}{2}\right)^2 = \frac{31}{4}$$

$$\sigma(X) = \sqrt{\frac{31}{4}} = \frac{\sqrt{31}}{2} \approx 2.78388$$

86. <u>Lösung:</u>

Für $x < 0$: $G(x) = P(X^2 \leq x) = 0$

$$x \geq 0: \ G(x) = \underbrace{P(X^2 \leq x)}_{\Leftrightarrow -\sqrt{x} \leq X \leq \sqrt{x}} = P(-\sqrt{x} \leq X \leq \sqrt{x}) = F(\sqrt{x}) - F(-\sqrt{x})$$

$$g(x) = G(x) - (F(\sqrt{x}) - F(-\sqrt{x})) = \underbrace{F(\sqrt{x})}_{=f(\sqrt{x})} \frac{1}{2 \cdot \sqrt{x}} - \underbrace{F'(-\sqrt{x})}_{=f(-\sqrt{x})} \left(-\frac{1}{2\sqrt{x}}\right) = \frac{1}{2\sqrt{x}}(f(\sqrt{x}) + f(-\sqrt{x}))$$

$$g(x) := \begin{cases} 0 & \text{für } x \leq 0 \\ \frac{1}{2\sqrt{x}}(f(\sqrt{x}) + f(-\sqrt{x})) & \text{für } x > 0 \end{cases}$$

87. Lösung:

$$f(\sqrt{x}) = \frac{1}{\sqrt{2\pi}}e^{-\frac{x}{2}}$$

$$f(-\sqrt{x}) = \frac{1}{\sqrt{2\pi}}e^{-\frac{x}{2}}$$

$$f(\sqrt{x}) + f(-\sqrt{x}) = \frac{2}{\sqrt{2\pi}}e^{-\frac{x}{2}}$$

$$\Rightarrow g(x) := \begin{cases} 0 & \text{für } x < 0 \\ \frac{1}{2\sqrt{x}} \cdot \frac{2}{\sqrt{2\pi}}e^{-\frac{x}{2}} & \text{für } x \geq 0 \end{cases} \Rightarrow g(x) := \begin{cases} 0 & \text{für } x < 0 \\ \frac{1}{\sqrt{2\pi x}}e^{-\frac{x}{2}} & \text{für } x \geq 0 \end{cases}$$

$G\left(\frac{1}{2}, \frac{1}{2}\right)$-Verteilung = X^2 Verteilung mit 1 Freiheitsgrad

88. a) Lösung:

$f(x) \geq 0$, da

$f(0) = \frac{\pi}{10}\sin(0) = 0$

$f(5) = \frac{\pi}{10}\sin(5) = 0.0172$

$f(x) = 0 \Leftrightarrow x = 0$

$f(x)$ integrierbar, da stetig

$$\int_{-\infty}^{\infty} f(x)\,dx = \int_{-\infty}^{\infty} \frac{\pi}{10}\sin\left(\frac{\pi}{5}x\right)dx = \frac{\pi}{10}\int_0^5 \sin\left(\frac{\pi}{5}x\right)dx = \begin{pmatrix} t = \frac{\pi}{5}x \\ \frac{dt}{dx} = \frac{\pi}{5} \Rightarrow dx = \frac{5}{\pi}dt \\ t_1 = 0,\ t_2 = \pi \end{pmatrix} =$$

$$= \frac{\pi}{10}\int_0^{\infty} \sin t \cdot \frac{5}{\pi}\,dt = \frac{1}{2}\int_0^{\pi} \sin t\,dt = \frac{1}{2}(-\cos t)\Big|_0^{\pi} = \frac{1}{2}(-\cos\pi + \cos 0) = \frac{1}{2}(1+1) = \frac{1}{2}\cdot 2 = 1$$

b) Lösung:

$$E(X) = \int_0^5 x\frac{\pi}{10}\sin\left(\frac{\pi}{5}x\right)dx = \begin{pmatrix} u = x \Rightarrow u' = 1 \\ v' = \sin\left(\frac{\pi}{5}x\right) \Rightarrow v = -\frac{5}{\pi}\left(\cos\left(\frac{\pi}{5}x\right)\right) \end{pmatrix} =$$

$$= -\frac{5x}{\pi}\cos\left(\frac{\pi}{5}x\right) + \int_0^5 \frac{5}{\pi}\cos\left(\frac{\pi}{5}x\right)dx = -\frac{5x}{\pi}\cos\left(\frac{\pi}{5}x\right) + \frac{5}{\pi}\int_0^5 \cos\left(\frac{\pi}{5}x\right)dx = \begin{pmatrix} t = \frac{\pi}{5}x \\ \frac{dt}{dx} = \frac{\pi}{5} \Rightarrow dx = \frac{5}{\pi}dt \end{pmatrix} =$$

$$-\frac{5x}{\pi}\cos + \frac{5}{\pi}\int \cos t \cdot \frac{5}{\pi}\,dt = -\frac{5x}{\pi}\cos\left(\frac{\pi}{5}x\right) + \frac{25}{\pi^2}\sin t = -\frac{5x}{\pi}\cos\left(\frac{\pi}{5}x\right) + \frac{25}{\pi^2}\sin\left(\frac{\pi}{5}x\right)\Big|_0^5 =$$

$$= \left(-\frac{25}{\pi}\cos\pi + \frac{25}{\pi^2}\sin\pi\right) - \underbrace{\left(0 + \frac{25}{\pi^2}\sin 0\right)}_{=0} = \frac{25}{\pi} + 0 = \frac{25}{\pi}$$

$$E(X^2) = \int_0^5 x^2\frac{\pi}{10}\sin\left(\frac{\pi}{5}x\right)dx = \int_0^5 x\cdot x\frac{\pi}{10}\sin\left(\frac{\pi}{5}x\right)dx =$$

$$= \begin{pmatrix} u = x \Rightarrow u' = 1 \\ v' = x\frac{\pi}{10}\sin\left(\frac{\pi}{5}x\right) \Rightarrow v = -\frac{5x}{\pi}\cos\left(\frac{\pi}{5}x\right) + \frac{25}{\pi^2}\sin\left(\frac{\pi}{5}x\right) \end{pmatrix} =$$

$$= x \left(-\frac{5x}{\pi} \cos\left(\frac{\pi}{5}x\right) + \frac{25}{\pi^2} \sin\left(\frac{\pi}{5}x\right) \right) - \int_0^5 -\frac{5x}{\pi} \cos\left(\frac{\pi}{5}x\right) + \frac{25}{\pi^2} \sin\left(\frac{\pi}{5}x\right) dt =$$

$$= x \left(-\frac{5x}{\pi} \cos\left(\frac{\pi}{5}x\right) + \frac{25}{\pi^2} \sin\left(\frac{\pi}{5}x\right) \right)\Big|_0^5 - \frac{25}{\pi} = \left[5\left(-\frac{25}{\pi}\cos\pi \right) + \frac{25}{\pi^2}\sin\pi \right] - \frac{25}{\pi} =$$

$$= 5 \cdot \left(\frac{25}{\pi} \right) + 0 - \frac{25}{\pi} = \frac{625}{\pi} - \frac{25}{\pi} = \frac{600}{\pi} = 190.98$$

c) Lösung:

$$V(X) = E(X^2) - E(X)^2 = \frac{600}{\pi} - \left(\frac{25}{\pi} \right)^2 = \frac{600}{\pi} - \frac{625}{\pi^2} = \frac{600\pi}{\pi^2} - \frac{625}{\pi^2} = \frac{600\pi - 625}{\pi} = 127.66$$

$$\sigma(X) = \sqrt{V(X)} = 11.298$$

d) Lösung:

$$g(x) = \begin{cases} 0 & \text{für } x \le 0 \\ \frac{1}{2}\sqrt{x}(f(\sqrt{x}) + f(-\sqrt{x})) & \text{für } x \ge 0 \end{cases}$$

$$f(\sqrt{x}) = \frac{\pi}{10} \sin\left(\frac{\pi}{5}\sqrt{x} \right)$$

$$f(-\sqrt{x}) = \frac{\pi}{10} \sin\left(-\frac{\pi}{5}\sqrt{x} \right)$$

$$\frac{1}{2}\sqrt{x}\left(\frac{\pi}{10} \sin\left(\frac{\pi}{5}\sqrt{x} \right) + \frac{\pi}{10} \sin\left(-\frac{\pi}{5}\sqrt{x} \right) \right) = \frac{\pi}{20\sqrt{x}} \left(\sin\left(\frac{\pi}{5}\sqrt{x} \right) + \sin\left(-\frac{\pi}{5}\sqrt{x} \right) \right)$$

$$\Rightarrow g(x) = \begin{cases} 0 & \text{für } x \le 0 \\ \frac{\pi}{20\sqrt{x}} \left(\sin\left(\frac{\pi}{5}\sqrt{x} \right) + \sin\left(-\frac{\pi}{5}\sqrt{x} \right) \right) & \text{für } x \le 0 \end{cases}$$

89. Lösung:

X, Y unabhängig, haben jeweils Dichte $f(x) = g(x) = \begin{cases} \lambda e^{-\lambda x} & \text{für } x \ge 0 \\ 0 & \text{für } x < 0 \end{cases}$

Dichte von $X + Y$ entspricht einer Faltung

$$h(x) = (f * g)(x) = \int_{-\infty}^{\infty} f(x-t)g(t)\, dt = \int_0^x \lambda e^{-\lambda(x-t)} \lambda e^{-\lambda t}\, dt = \int_0^x \lambda^2 e^{-\lambda x + \lambda t} e^{-\lambda t}\, dt =$$

$$= \lambda^2 e^{-\lambda x} \int_0^x dt = \lambda^2 x e^{-\lambda x}$$

$G(2, \lambda)$-Verteilung

Grenzen:

$f(x-t) \neq 0 \Leftrightarrow x - t \ge 0 \Leftrightarrow x \ge t$ (t läuft zwischen 0 und x)

$g(t) \neq 0 \Leftrightarrow t \ge 0$

$X + Y$ hat die Dichte $h(x) = \begin{cases} \lambda^2 x e^{-\lambda x} & \text{falls } x \ge 0 \\ 0 & \text{falls } x < 0 \end{cases}$

$E(\lambda) = G(1, \lambda)$

$G(2, \lambda)$

$G(r, \lambda) + G(s, \lambda) = G(r+s, \lambda)$

90.   a) Lösung:

$$f(x) = \begin{cases} e^{-x} & \text{falls } x \geq 0 \\ 0 & \text{falls } x < 0 \end{cases}$$

für $x < 0 \Rightarrow g(x) = 0$

für $x \geq 0$: $G(x) = F\underbrace{(2X \leq x)}_{X \leq \frac{x}{2}} = F\left(X \leq \frac{x}{2}\right) = \int_0^{\frac{x}{2}} e^{-t} dt = -e^{-t}\big|_0^{\frac{x}{2}} = 1 - e^{-\frac{x}{2}}$

$$\Rightarrow g(x) = \begin{cases} \dfrac{1}{2} e^{-\frac{x}{2}} & \text{falls } x \geq 0 \\ 0 & \text{falls } x < 0 \end{cases}$$

b) Lösung:

$$P(2X \leq 1) = G(1) = \int_0^1 \frac{1}{2} e^{-\frac{x}{2}} dx = 1 - e^{-\frac{1}{2}} \approx 0.3934693403$$

c) Lösung:

Dichte von $X + Y = xe^{-x}$ für $x > 0$

$$P(X + Y \leq 1) = \int_0^1 xe^{-x} dx = \begin{pmatrix} u = x \Rightarrow u' = 1 \\ v' = e^{-x} \Rightarrow v = -e^{-x} \end{pmatrix} = -xe^{-x}\big|_0^1 - \int_0^1 -e^{-x} dx =$$

$$= -e^{-1} + \underbrace{-e^{-x}\big|_0^1}_{=1-e^{-1}} = 1 - 2e^{-1} \approx 0.2642$$

d) Lösung:

bei c) sind X, Y unabhängig

bei b) sind X, Y abhängig

91. Lösung:

$$h(x) = \int_{-\infty}^{\infty} f(x - t)g(t)\, dt$$

$$\int 2e^{-2(x-t)} \cdot \left(\frac{t}{6} - \frac{t^2}{36}\right) dt = \underbrace{\dots}_{2 \times \text{P.I.}} = \underbrace{e^{-2x} e^{2t} \left[-\frac{t^2}{36} + \frac{7t}{36} - \frac{t}{72}\right]}_{*2}$$

$$\underbrace{\phantom{\int 2e^{-2(x-t)}}}_{*1}$$

Fallunterscheidung:

1. Fall: für $x \leq 0$

$t \leq 0 \quad g(t) = 0$

$t > 0 \quad f(x - t) = 0$

$\Rightarrow h(x) = 0$

2. Fall: für $0 < x < 6$

$f(x - t)g(t) > 0 \Leftrightarrow f(x - t) > 0$ und $g(t) > 0 \Leftrightarrow t \leq x$ und $0 < t < 6 \Leftrightarrow 0 \leq t \leq x$

$\Rightarrow h(x) = \int_0^x *1 = *2\big|_0^x = \dfrac{7}{72} e^{-2x} - \dfrac{x^2}{36} + \dfrac{7x}{36} - \dfrac{7}{72}$

3. Fall: für $x \geq 6$

$f(x - t)g(t) > 0 \Leftrightarrow f(x - t) > 0$ und $g(t) > 0 \Leftrightarrow x \geq t$ und $0 < t < 6 \Leftrightarrow 0 < t < 6$

$\Rightarrow \int_0^6 *1 = \dfrac{1}{72} e^{-2x}(5e^{12} + 7)$

92.   a) Lösung:

X... Abstand vom Rand

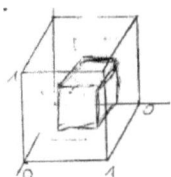

Abbildung 17: Veranschaulichung

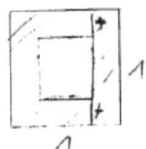

Abbildung 18: Veranschaulichung

$$P(X \leq t) = \frac{1 - (1 - 2t)^3}{1^3} = 1 - (1^3 - 6t + 3 \cdot 4t^2 - 8t^3) = 8t^3 - 12t^2 + 6t$$

$$\text{Verteilung: } F(t) = \begin{cases} 0 & \text{für } t < 0 \\ 8t^3 - 12t^2 + 6t & \text{für } t \in (0, 2) \\ 1 & \text{für } t > \frac{1}{2} \end{cases}$$

$$\text{Dichte: } f(t) = \begin{cases} 24t^2 - 24t + 6 & \text{für } t \in (0, 2) \\ 0 & \text{sonst} \end{cases}$$

b) Lösung:

$$E(X) = \int_{-\infty}^{\infty} x f(x)\, dx = \int_0^{\frac{1}{2}} t(24t^2 - 24t + 6)\, dt = \int_0^{\frac{1}{2}} 24t^3 - 24t^2 + 6t\, dt = 6t^4 - 8t^3 + 3t^2 \Big|_0^{\frac{1}{2}} =$$

$$6 \cdot \frac{1}{10} - 8 \cdot \frac{1}{8} + 3 \cdot \frac{1}{4} = \frac{6}{16} - \frac{16}{16} + \frac{12}{16} = \frac{2}{16} = \frac{1}{8} = 0.125$$

$$E(X^2) = \int_{-\infty}^{\infty} x^2 f(x)\, dx = \int_0^{\frac{1}{2}} t^2(24t^2 - 24t + 6)\, dt = \int_0^{\frac{1}{2}} 24t^4 - 24t^3 + 6t^3\, dt = \frac{24}{5}t^5 - 6t^4 + 2t^3 \Big|_0^{\frac{1}{2}} =$$

$$\frac{24}{5} \cdot \frac{1}{32} - 6 \cdot \frac{1}{16} + 2 \cdot \frac{1}{8} = \frac{3}{20} - \frac{3}{8} + \frac{1}{4} = \frac{1}{40} = 0.025$$

c) Lösung:

$$V(X) = E(X^2) - E(X)^2 = \frac{1}{40} - \left(\frac{1}{8}\right)^2 = \frac{1}{40} - \frac{1}{64} = \frac{3}{320} = 0.009375$$

$$\sigma(X) = \sqrt{\frac{3}{320}} = 0.096825$$

93. Lösung:

$$\{X + Y = n\} = \bigcup_{k=0}^{n} \{Y = k \wedge X = n - k\}$$

$$P(X + Y = n) = \sum_{k=0}^{n} \underbrace{P(X = n - k \wedge Y = k)}_{X,Y \text{ unabhängig}} = P(X = n - k)P(Y = k)$$

94. Lösung:

$$P(X + Y = n) = \sum_{k=0}^{n} \underbrace{P(X = n - k)}_{\frac{\lambda_1^{(n-k)}}{(n-k)!}e^{-\lambda_1}} \underbrace{P(Y = k)}_{\frac{\lambda_2^{k}}{k!}e^{-\lambda_2}} = e^{-(\lambda_1+\lambda_2)} \sum_{k=0}^{n} \underbrace{\frac{1}{(n-k)! \cdot k!}}_{\frac{1}{n!}\binom{n}{k}} \cdot \lambda_1^{(n-k)}\lambda_2^{k} \overset{\text{binom. LS}}{=}$$

$$= \frac{1}{n!}e^{-(\lambda_1+\lambda_2)} \underbrace{\sum_{k=0}^{n} \binom{n}{k}\lambda_1^{(n-k)}\lambda_2^{k}}_{(\lambda_1+\lambda_2)^n} = e^{-(\lambda_1+\lambda_2)} \cdot \frac{(\lambda_1+\lambda_2)^n}{n!}$$

$$\Rightarrow P(\lambda_1) + P(\lambda_2) = P(\lambda_1 + \lambda_2)$$

95. Lösung:

$$E(X_j) = E(X_1) = \mu, \ \sigma(X_j) = \sigma(X_1) = \sigma, \ V(X_j) = \sigma(X_j)^2 = \sigma^2$$

Tschebyschev:

$$\lim_{n\to\infty} P\left(\left|\frac{1}{n}\sum_{j=1}^{n}X_j - \mu\right| \geq \varepsilon\right) \leq \frac{1}{\varepsilon^2}E\left(\left(\frac{1}{n}\sum_{j=1}^{n}X_j - \mu\right)^2\right) = \frac{1}{\varepsilon^2}E\left(\left(\underbrace{\frac{1}{n}\sum_{j=1}^{n}X_j - \mu}_{=\frac{1}{n}\left(\sum_{j=1}^{n}X_j - n\mu\right)}\right)^2\right) =$$

$$\frac{1}{\varepsilon^2}E\left(\frac{1}{n^2}\left(\sum_{j=1}^{n}X_j - n\mu\right)^2\right) = \frac{1}{\varepsilon^2 n^2}E\left(\left(\sum_{j=1}^{n}X_j - \underbrace{n\mu}_{=\sum_{j=1}^{n}\mu}\right)^2\right) = \frac{1}{\varepsilon^2 n^2}E\left(\left(\sum_{j=1}^{n}X_j - \underbrace{\sum_{j=1}^{n}\mu}_{\sum E(X_j)=E(\sum X_j)}\right)^2\right) :$$

$$\frac{1}{\varepsilon^2 n^2}E\left(\left(\sum_{j=1}^{n}X_j - \sum_{j=1}^{n}E(X_j)\right)^2\right) = \frac{1}{\varepsilon^2 n^2}E\left(\left(\sum_{j=1}^{n}X_j - E\left(\sum_{j=1}^{n}X_j\right)\right)^2\right) = \frac{1}{\varepsilon^2 n^2}V\left(\sum_{j=1}^{n}X_j\right) =$$

$$\frac{1}{\varepsilon^2 n^2}\sum_{j=1}^{n}V(X) = \frac{1}{\varepsilon^2 n^2}\sum_{j=1}^{n}\sigma^2 = \frac{1}{\varepsilon^2 n^2}\sigma^2 \overset{n\to\infty}{\to} 0$$

96. Lösung:

1.71, 1.72, 1.74, 1.76, 1.79, 1.81, 1.83, 1.83, 1.86, 1.91

Median: da n gerade $\Rightarrow m = \dfrac{1.79 + 1.81}{2} = 1.80$

$\bar{x} = \dfrac{1}{n} + \sum \text{Werte} = 1.796$

$$\sigma = \sqrt{\frac{1}{n-1} \cdot \sum_{j=1}^{n}(a_j - \overline{x})^2} =$$
$$= \sqrt{\frac{1}{9}((1.71-\overline{x})^2 + (1.72-\overline{x})^2 + (1.81-\overline{x})^2 + (1.83-\overline{x})^2 \cdot 2 + (1.86-\overline{x})^2 + (1.91-\overline{x})^2)} = 0.06433$$

97. Lösung:

Note	n(x)	r(x)	%	Winkel
1	6	$\frac{6}{31}$	0.1935	69.66°
2	5	$\frac{5}{31}$	0.1613	58.07°
3	3	$\frac{4}{31}$	0.1290	46.44°
4	5	$\frac{5}{31}$	0.1613	58.07°
5	11	$\frac{11}{31}$	0.3548	127.73°

Balkendiagramm:

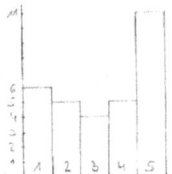

Abbildung 19: Veranschaulichung

Tortendiagramm:

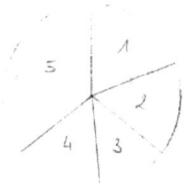

Abbildung 20: Veranschaulichung

Um auf das Winkelmaß zu kommen, mun der %-Wert·360 rechnen

Median: n ungerade ⇒ Median = 16. Wert = 4
$$\overline{x} = \frac{6 \cdot 1 + 5 \cdot 2 + 4 \cdot 3 + 5 \cdot 4 + 11 \cdot 5}{31} = 3.32$$
$$\sigma = \sqrt{\frac{(1-3.3)^2 \cdot 6 + (2-3.3)^2 \cdot 5 + (3-3.3)^2 \cdot 4 + (4-3.3)^2 \cdot 5 + (5-3.3)^2 \cdot 11}{30}} = \sqrt{2.493} = 1.5789$$

98. a) Lösung:

Median: $n = 15 \Rightarrow m = 8$. Wert = 114 000

$$\bar{x} = \frac{\sum x_i}{n} = \frac{1721000}{15} = \frac{344200}{3} = 114733.33$$

$$V(X) = \sum_{i=1}^{15}(x_i - \bar{x})^2 \cdot P(x_i) = 139780952$$

$$\sigma(X) = \sqrt{V(X)} = 11822.9$$

b) Lösung:

Median: n gerade $\Rightarrow m = \frac{114000 + 117000}{2} = 115500$

$$\bar{x} = \frac{\sum x_i}{n} = \frac{2471000}{16} = \frac{308875}{2} = 154437.5$$

$$V(X) = \sum_{i=1}^{16}(x_i - \bar{x})^2 \cdot P(x_i) = 25353195833$$

$$\sigma(X) = 159226.87 \text{ (größer als der Mittelwert!!!)}$$

Vergleich a,b)

$\bar{x_a} = 114733.33$, $\bar{x_b} = 154437.5 \Rightarrow \triangle = 39704.17$

$m_a = 114000$, $m_b = 115500 \Rightarrow \triangle = 1500$

$\sigma_a = 11822.90$, $\sigma_b = 159226.87$

$\Rightarrow$ Ein extremer Ausreißer wirkt sich wenig auf den Median, aber sehr stark auf Mittelwert und Standardabweichung aus. In diesem Fall ist der Median aussagekräftig und der Mittelwert nicht

99. Lösung:

$$f(a) = \sum_{j=1}^{n}(a - a_j)^2$$

$$f'(a) = \sum_{j=1}^{n} 2(a - a_j) = 2na - 2\sum_{j=1}^{n} a_j$$

$$f'(a) = 0 \Rightarrow na = \sum_{j=1}^{n} a_j \Rightarrow a = \frac{\sum_{j=1}^{n} a_j}{n} = \text{Mittelwert}$$

Warum ist es ein Minimum?

Man darf es nicht mit der 2. Ableitung machen, sondern muss es über den Rand machen.

Rand: $\lim\limits_{x \to \infty} f(x) = \lim\limits_{x \to \infty} \sum_{j=1}^{n}(x - a_j)^2 = +\infty > f(a) \Rightarrow$ Minimum

100. a) Lösung:

$\gamma = 0.92$, $n = 26$, $\alpha = 0.08$

$$\bar{x} = \frac{\sum \text{Werte}}{26} = 2502.076923 g$$

$$\Phi(x) = \int_{-\infty}^{x} \frac{1}{\sqrt{2\pi}} e^{-\frac{t^2}{2}} dt = 1 - \frac{\alpha}{2} = 0.96 \Rightarrow x = 1.75$$

$$K = \left[\bar{x} - x\frac{\sigma}{\sqrt{n}}; \bar{x} + x\frac{\sigma}{\sqrt{n}}\right] = [2497.958484; 2506.195262] = [2497.9; 2506.2]$$

Mit Sicherheit 0.92 liegt die durchschnittliche Füllmenge zwischen 2497.9 g und 2506.2 g

b) Lösung:

$\gamma = 0.99 \Rightarrow x = 1.645$

$K = [2498.2;\ 2506.0]$

$\gamma = 0.95 \Rightarrow x = 1.96$

$K = [2497.4;\ 2506.7]$

$\gamma = 0.98 \Rightarrow x = 2.33$

$K = [2496.5;\ 2507.6]$

$\gamma = 0.999 \Rightarrow x = 2.525$

$K = [2496.0;\ 2505.2]$

$\gamma = 0.995 \Rightarrow x = 2.805$

$K = [2495.4;\ 2506.7]$

101. Lösung:

$\alpha = 0.014 \Rightarrow \gamma = 0.986$

$\Phi(x) = 1 - \dfrac{0.014}{2} = 0.993 \Rightarrow x = 2.46$

$K = [2499.89530;\ 2502.437] = [2499.9;\ 2502.5]$

mit Irrtumswahrscheinlichkeit $\alpha = 0.014$ liegt die durchschnittliche Füllmenge zwischen 2499.9 g und 2502.5 g

102. Lösung:

103.   a) Lösung:

$\gamma = 0.94\% \Rightarrow \alpha = 0.06$

$\overline{x} = 1502.1 cm^3$

$\Phi(x) = 1 - \dfrac{0.06}{2} = 0.97 \Rightarrow x = 1.88$

$K = [1499.51219;\ 1504.68781] = [1499.5;\ 1504.7]$

Mit Sichreheit 94% liegt das durchschnittliche Volumen zwischen 1499.5 cm^3 und 1504.7 cm^3

b) Lösung:

$n = 253,\ \overline{x} = 1500.72 cm^3$

$\Phi(x) = 1 - \dfrac{0.024}{2} = 1 - 0.012 = 0.988 \Rightarrow x = 2.26$

$K = [1499.86748;\ 1501.57251] = [1499.86;\ 1501.58]$

104. a) Lösung:

$H_0 : \mu \geq 1010g$

$H_1 : \mu < 1010g$

$\Phi(x) = \gamma = 0.93 \Rightarrow x \approx 1.478$

kritischer Bereich: $K : \{t \in \mathbb{R} : t \leq \mu_0 - x\frac{\sigma}{\sqrt{n}}\}$

$t \leq 1010 - 1478 \cdot \dfrac{7}{\sqrt{22}} = 1007.494225 \approx 17007.7$

Bis zu einem MIttelwert von 1007.7 g kann man die Behauptung mit 93%-iger Sicherheit widerlegen

$\overline{x} < 1007.8 \Rightarrow \mu < \mu_0$ mit Sicherheit 0.93 bewiesen

$\overline{x} \geq 1007.8 \Rightarrow$ Daten sprechen mit Sicherheit 0.93 nicht gegen H_0 $(\mu \geq \mu_0)$

  b) Lösung:

$\alpha = 0.1 : \ \Phi(x) = \gamma = 0.9 \Rightarrow x = 1.285$

$\Rightarrow t \leq 1010 - 1.285 \cdot \dfrac{7}{\sqrt{22}} = 1008.08226 \approx 1008.08g$

$\alpha = 0.05 : \ \Phi(x) = \gamma = 0.95 \Rightarrow x = 1.645$

$\Rightarrow t \leq 1010 - 1.645 \cdot \dfrac{7}{\sqrt{22}} \approx 1007.54g$

$\alpha = 0.02 : \ \Phi(x) = \gamma = 0.98 \Rightarrow x = 2.055$

$\Rightarrow t \leq 1010 - 2.055 \cdot \dfrac{7}{\sqrt{22}} \approx 1006.93g$

$\alpha = 0.01 : \ \Phi(x) = \gamma = 0.99 \Rightarrow x = 2.33$

$\Rightarrow t \leq 1010 - 2.33 \cdot \dfrac{7}{\sqrt{22}} \approx 1006.52g$

$\alpha = 0.005 : \ \Phi(x) = \gamma = 0.995 \Rightarrow x = 2.58$

$\Rightarrow t \leq 1010 - 2.58 \cdot \dfrac{7}{\sqrt{22}} \approx 1006.14g$

Wenn γ immer größer, dann wird die obere Grenze immer kleiner (wird schwieriger zu beweisen, dass $\mu < \mu_0$)

105. a) Lösung:

$X...$ Volumen

$H_0 : \mu \geq 1005$

$H_1 : \mu < 1005$

$\Phi(x) = 1 - \alpha = 0.982 \Rightarrow x = 2.10$

$K = \{t \in \mathbb{R} : t \leq 1002.84\}$

  b) Lösung:

$\overline{x} = 1003.5 \notin K$

Mit Sicherheit 0.982 sprechen die Daten nicht dagegen, dass $\mu \geq 1005 cm^3$

c) Lösung:

$$x = \frac{1005 - 1003.5}{9}\sqrt{77} \approx 1.46$$

$$\Phi(x) = 0.927855$$

106. a) Lösung:

$$H_0 : \mu \leq 1.003$$

$$H_1 : \mu > 1.003$$

$$K = \{t \in \mathbb{R} : t \geq \mu_0 + x\tfrac{\sigma}{\sqrt{n}}\} = \{t \in \mathbb{R} : t \geq 1.0044758\}$$

$$x \approx 2.41$$

b) Lösung:

$$\overline{x} = 1.0047\, l \in K$$

c) Lösung:

$$x = \frac{\overline{x} - \mu_0}{\sigma}\sqrt{n} = 2.78$$

$$\Phi(x) = 0.9972821$$

107. Lösung:

$$\gamma = 0.99 \Rightarrow \alpha = 0.01$$

$$\Phi(x) = 1 - \frac{\alpha}{2} = 0.995 \Rightarrow x = 2.88$$

$$K = \left[\overline{x} - x\frac{\sigma}{\sqrt{n}},\ \overline{x} + x\frac{\sigma}{\sqrt{n}}\right] = [4.468212;\ 5.651788]$$

Mit Sicherheit von 0.99 liegt die durchschnittliche Dicke zwischen 4.47 cm und 5.65 cm.

108. a) Lösung:

$$n = 9 \Rightarrow 8 \text{ Freiheitsgrade}$$

$$\alpha = 0.03 \Rightarrow 0.97$$

$$H_0 : \mu \geq 1000g = \mu_0$$

$$H_1 : \mu < 1000g$$

$$s = \sqrt{\frac{1}{n-1}\sum_{j=1}^{n}(x - \overline{x})^2} = 4.859$$

$$\gamma = \Phi(x) = 0.97 \Rightarrow x = 2.19$$

$$y = \frac{m - \mu_0}{s}\sqrt{n} = \frac{1005.89 - 1000}{4.859}\sqrt{9} \approx 3.63577 > x$$

$$\Rightarrow H_1 \text{ wurde mit Sicherheit 0.97 bewiesen}$$

b) Lösung:

$$\gamma = \Phi(x) = 1 - \frac{\alpha}{2} = 0.98 \Rightarrow x = 2.48$$

$$K = \left[m - x\frac{s}{\sqrt{n}},\ m + x\frac{x}{\sqrt{n}}\right] = [1001.920602,\ 1009.857176]$$

Mit Sicherheit 0.96 liegt das durchschnittliche Füllgewicht zwischen 1001.9 g und 1009.9 g

109. a) Lösung:

$m = 190.1\ km/h; \quad n = 15 \Rightarrow 14$ Freiheitsgrade wegen χ^2-Verteilung

$H_0 : \mu \leq 187$

$H_1 : \mu > 187$

$\gamma = 0.94 = \Phi(x) \Rightarrow x \approx 1.66$

$s = 6.111659427$

$y = \dfrac{m - \mu_0}{s} \sqrt{n} \approx 1.9435 > x$

H_1 wurde mit Sicherheit 0.94 bewiesen

b) Lösung:

$\Phi(x) = 1 - \dfrac{\alpha}{2} = 1 - 0.015 = 0.985 \Rightarrow x = 2.41$

$s = 6.1116659427$

$K = \left[m - x\dfrac{s}{\sqrt{n}};\ m + x\dfrac{s}{\sqrt{n}} \right] = [186.263629,\ 193.8697037] = [186.26;\ 193.87]$

Mit Sicherheit 0.97 liegt die durchschnittliche Höchstgeschwindigkeit zwischen 186.3 km/h und 193.9 km/h

c) Lösung:

$\Phi(x) = 1 - \dfrac{\alpha}{2} = 1 - 0.035 = 0.965 \Rightarrow x = 1.96$

$K = \left[m - x\dfrac{s}{\sqrt{n}};\ m + x\dfrac{s}{\sqrt{n}} \right] = [189.6294;\ 190.57064]$

$\displaystyle\int_0^{x_1} f(t)\, dt = \dfrac{\alpha}{2} = 0.35 \Rightarrow x_1 = 6.0583$

$\displaystyle\int_0^{x_2} f(t)\, dt = 1 - \dfrac{\alpha}{2} = 0.965 \Rightarrow x_2 = 24.956$

$K = \left[s\sqrt{\dfrac{n-1}{x_2}},\ s\sqrt{\dfrac{n-1}{x_1}} \right] = [4.57757716,\ 9.290685829]$

Mit Sicherheit 0.93 liegt σ zwischen 4.57 km/h und 9.30 km/h. Die Wahrscheinlichkeit, dass σ im Konfidenzintervall liegt beträgt 93%, wobei $P(\sigma \in K) = 0.93$

110. a) Lösung:

t-Verteilung mit 26 Freiheitsgraden

$\Phi(x) = 1 - \dfrac{\alpha}{2} = 0.99 \Rightarrow x = 2.48$

$K = \left[m - x\dfrac{s}{\sqrt{n}},\ m + x\dfrac{s}{\sqrt{n}} \right] = [2497.501322,\ 2508.898678] = [2497.5,\ 2508.9]$

Mit Sicherheit 0.98 liegt das durchschnittliche Füllgewicht zwischen 2497 g und 2509 g

b) Lösung:

χ^2-Verteilung mit 26 Freiheitsgraden

$\displaystyle\int_0^{x_1} f(t)\, dt = \dfrac{\alpha}{2} = 0.045 \Rightarrow x_1 = 15.125$

$\displaystyle\int_0^{x_2} f(t)\, dt = 1 - \dfrac{\alpha}{2} = 0.955 \Rightarrow x_2 = 39.363$

$K = \left[s\sqrt{\dfrac{n-1}{x_2}},\ s\sqrt{\dfrac{n-1}{x_1}} \right] = [9.703913256;\ 15.65464808]$

Mit Sicherheit 0.91 liegt σ zwischen 9.7 g und 15.5 g. $P(\sigma \in K) = 0.91$

111. <u>Lösung:</u>

$m = \dfrac{432}{663} \approx 0.65158$

$\Phi(x) = 1 - \dfrac{\alpha}{2} = 0.965 \Rightarrow x = 1.81$

$E(X) = p$ p fest, aber unbekannt

$\dfrac{p^2 - 2mp + m^2}{p - p^2} n = x^2 \Rightarrow \left(1 + \dfrac{x^2}{n}\right) p^2 - \left(2m + \dfrac{x^2}{n}\right) p + m^2 = 0$

$K = [0.6174, \ 0.6843]$

Der relative Anteil der Bevölkerung, die das Waschmittel für gut halten liegt zwischen 0.617 und 0.685. $P(p \in K) = 0.93$

112. <u>Lösung:</u>

$m = \dfrac{\sum x_i}{7} = 181$

Streubereich:

$\Phi(x) = 1 - \dfrac{\alpha}{2} = 0.985 \Rightarrow x = 2.83$

Schätze Streuung in der Grundgesamtheit, wobei s die emprische Streuung ist:

$s = \sqrt{\dfrac{1}{n-1} \sum_{j=1}^{n} (x_n - \overline{x})^2} =$

$= \sqrt{\dfrac{(188 - 181)^2 + (165 - 181)^2 + (176 - 181)^2 + (204 - 181)^2 + (192 + 181)^2 + (161 - 181)^2}{6}} = 15.17$

$K = \left[181 - 2.83\dfrac{15.17}{\sqrt{7}}, \ 181 + 2.83\dfrac{15.17}{\sqrt{7}}\right] = [164.7781144, \ 197.2218856]$

Mit 97%-iger Sicherheit liegt die durchschnittliche Begehzeit zwischen 164.77 min (also 2 h 44 min 46.6 s) und 197.23 min (also 3 h 17 min 13.4 s)

113. a) <u>Lösung:</u>

$H_0 : \ p \leq 0.2$

$H_1 : \ p > 0.2$

$\gamma = \Phi(x) = 0.94 \Rightarrow x = 1.5555$

$K = \{t \in \mathbb{R} : t \geq np_0 + x\sqrt{np_0(1 - p_0)}\} = \{t \in \mathbb{R} : t \geq 258.20\} = \{259, \ 260, \ \ldots, 1184\}$

b) <u>Lösung:</u>

$252 \notin K$

Mit Sicherheit 0.94 sprechen die Daten nicht dagegen, dass die Jeansmarke weniger als 20% des Marktes ausmachen

c) <u>Lösung:</u>

$\Phi(x) = 1 - \dfrac{\alpha}{2} = 0.96 \Rightarrow x = 1.75$

$\left(1 + \dfrac{x^2}{n}\right) p^2 - \left(2m + \dfrac{x^2}{n}\right) p + m^2 = 0$

$1.0026p^2 - 0.04283p + 0.0453 = 0$

$K = [0.19277, \ 0.23439]$

Mit Sicherheit 0.92 liegt der Marktanteil des Konzerns zwischen 19.2% und 23.5%

114.   a) Lösung:

$$m = \frac{1946}{2381}$$

$$\Phi(x) = 1 - \frac{\alpha}{2} = 0.99 \Rightarrow x = 2.325$$

$$\frac{m - p}{\sqrt{p - p^2}} \sqrt{n} = x \quad \text{(nach p auflösen)}$$

$$K = [0.7981, \ 0.8350]$$

1. Test: Wirkungsgrad

$H_0 : \ p \le 0.8350$

$H_1 : \ p > 0.8350$

$K = \{t \in \mathbb{R} : \ t \ge 409\} = \{409, \ 410, \dots, 473\}$

2. Test: Nebenwirkungsgrad

$H_0 : \ p \ge 0.05$

$H_1 : \ p < 0.05$

$K = \{0, \dots, 15\}$

b) Lösung:

B wird verwendet, weil die Anzahl der Personen in den Konfidenzintervallen liegt

$n = 473, \ \gamma = 0.95$

x so, dass $\Phi(x) = 1 - \alpha = 0.95 \Rightarrow x \approx 1.645$

1. Wirkungsgrad:

$$m = \frac{433}{473}$$

$$K_1 = [0.8834, \ 0.9393]$$

2. Nebenwirkungsgrad:

$$m = \frac{14}{473}$$

$$K_2 = [0.01678, \ 0.05169]$$

Mit Sicherheit 0.97 liegt der Wirkungsbereich von B zwischen K_1 und der Nebenwirkungsbereich zwischen K_2

115.   a) Lösung:

χ^2-verteilt $\Rightarrow$ 5 Freiheitsgrade

$np_j = \dfrac{2178}{6} = 363$

	1	2	3	4	5	6
t_j	369	382	333	351	386	356
np_j	363	363	363	363	363	363

$H_0 : P_1 = p_2 = \ldots = p_6 = \dfrac{1}{6}$

$H_1 : \exists j :\ p_j \neq \dfrac{1}{6}$

$d^2 = \sum\limits_{j=1}^{r} \dfrac{t_j^2}{np_j} - n = 5.526$

x so, dass $\int_0^x f(t)\,dt = 0.99 \Rightarrow x = 15.086$

$d^2 < x$: Die Daten sprechen mit Sicherheit 0.99 nicht gegen die Annahme, dass die Wahrscheinlichkeit

für alle Augenzahlen $\frac{1}{6}$ ist.

b) Lösung:

$H_0 :\ p_1 = p_2 = \ldots = p_5 = 0.173;\ p_6 = 0.135$

$H_1 :\ \exists j \in \{1,\ldots,5\}\ p_j \neq 0.173;\ p_6 = 0.135$

$d^2 = 20.7997,\ x = 15.086$

	1	2	3	4	5	6
t_j	369	382	333	351	386	356
np_j	376.794	376.794	376.794	376.794	376.794	376.794

$d^2 > x$: Mit Sicherheit 0.99 wurde bewiesen, dass die vorgegebene Verteilung nicht passt.

116. Lösung:

	≤ 2480	2480-85	2485-90	2490-95	2495-2500	2500-05	2505-10	2510-15	2515-20	> 2520
t_j	2	8	16	13	19	27	22	18	7	11
np_j	6.79	8.32	13.96	19.16	23.27					

$\mu + b\sigma = 2500 + 12b = 2480 \Rightarrow b = -1.67$

$P(X \leq 2480) = \Phi(-1.67) = 0.047460$

$H_0 :\ P(A_j) = p_j\ \forall j$

$H_1 :\ \exists j\ \text{mit}\ P(A_j)\neg p_j$

$d^2 = \dfrac{t_1^2}{np_1} + \dfrac{t_2^2}{np_2} + \ldots + \dfrac{t_{10}^2}{np_{10}} - 143 \approx 11.464$

x so, dass $\int_0^x \chi_9^2 = 0.95 \Rightarrow x = 16.919$

$d^2 < x$: Mit Sicherheit 0.95 sprechen die Daten nicht gegen die $N(2500, 12)$-Verteilung

117. Lösung:

$H_0 :\ X$ ist $P(0.6)$-verteilt

H_1 : X ist nicht $P(0.6)$-verteilt, $\gamma = 0.93$

Angenommen X ist $P(0.6)$-verteilt

$A_1 := \{0\}$, $p_1 := P(X = 0) = P(X \in A_1) = \dfrac{0.6^0}{0!}e^{-0.6} \approx 0.5488116361$

$A_2 := \{1\}$, $p_2 := P(X = 1) = P(X \in A_2) = \dfrac{0.6^1}{1!}e^{-0.6} \approx 0.3292869817$

$A_3 := \{2\}$, $p_3 := P(X = 2) = P(X \in A_3) = \dfrac{0.6^2}{2!}e^{-0.6} \approx 0.0.098786094$

$A_4 := \{n \in \mathbb{N}:\ n \geq 3\}$, $p_4 := P(X \geq 3) = P(X \in A_4) = 1 - p_1 - p_2 - p_3 \approx 0.02311528775$

H_0^1 : $\forall j \in \{1,2,3,4\}:\ P(X \in A_j) = p_j$

H_1^1 : $\forall j \in \{1,2,3,4\}:\ P(X \in A_j) \neq p_j$

$r = 4,\ n = 365$

$\displaystyle\int_{-\infty}^{x} \chi_3^2 = 0.93 \Rightarrow x \approx 7.0603$

	x = 0	x = 1	x = 2	$x \geq 3$
t_j	207	111	40	7
np_j	200.316247174	20.1897403045	36.0569224491	8.937080030

$d^2 \approx 1.601640599 < x$

Die Daten sprechen mit Sicherheit 0.93 nicht gegen die Annahme, dass die Anzahl der Unfälle/Tag $P(0.6)$-verteilt ist

118. Lösung:

	Raucher	kein Raucher	
Krebs	41	10	51
kein Krebs	1997	1299	3296
	2038	1309	3347

$n = 3347,\ r = 2,\ s = 2$

$(r-1)(s-1) = 1 \Rightarrow 1$ Freiheitsgrad

x so dass $\displaystyle\int_{-\infty}^{x} \chi_1^2 = 0.99 \Rightarrow x = 6.6349$

$d^2 = 3349 \cdot \left(\dfrac{41^2}{2038 \cdot 51} + \dfrac{10^2}{1309 \cdot 51} + \dfrac{1997^2}{2038 \cdot 3296} + \dfrac{1299^2}{1309 \cdot 3296} - 1 \right) \approx 8.271 > x$

$d^2 > x$: Die Daten weisen daraufhin, dass mit Sicherheit von 0.99 die beiden Merkmale nicht unabhängig sind

119. Lösung:

	Radfahrer	kein Radfahrer	
Hund	313	346	659
kein Hund	546	688	1234
	859	1034	1893

$d^2 = 1.8305$

$$\int_{-\infty}^{x} \chi_1^2 = 0.92 \Rightarrow 3.0649$$

$d^2 < x$: Die Daten sprechen mit Sicherheit 0.92 nicht dagegen, dass Radfahren und der Besitz eines Hundes unabhängig sind

120. Lösung:

	Typ 1	Typ 2	Typ 3	Typ 4	
Klasse 1	340	194	47	87	668
Klasse 2	366	483	370	317	1536
Klasse 3	88	249	300	168	805
Klasse 4	49	68	213	147	477
Klasse 5	37	33	212	97	379
	880	1027	1142	816	3865

Freiheitsgrade: (Spalten $\sum$-1)(Zeilen $\sum$-1) = 12 Freiheitsgrade

$$\gamma = 0.97 = \int_{-\infty}^{x} \chi_{12}^2 \Rightarrow x = 22.742$$

$$d^2 = \left(\frac{340^2}{880 \cdot 668} + \frac{194^2}{1027 \cdot 668} + \frac{47^2}{1142 \cdot 668} + \frac{87^2}{816 \cdot 668} + \ldots + \frac{37^2}{880 \cdot 379} + \frac{33^2}{1027 \cdot 379} + \frac{212^2}{1142 \cdot 379} + \frac{97^2}{816 \cdot 379} - 1 \right) \cdot 3865 =$$

$$= (0.268293773551 + 0.405211076313 + 0.22679295102 + 0.250523430659 + 0.141166769711 - 1) \cdot 3865 =$$

$$= 0.291988001254 \cdot 3865 = 1128.53362485$$

$d^2 \gg x$: Die daten sprechen mit Sicherheit 0.99 nicht dagegen, dass Monatseinkommen und Höchstgeschwindigkeit nicht unabhängig sind